超能力微生物

小泉武夫

文春新書

1125

はじめに　最新生命工学を超える「しぶといやつら」

微生物は神出鬼没の生命体である。とうてい考えることのできない不可思議な生命体である。人間界では想像のできない、怪しいほどの生命体である。

その大体の大きさは、１ミリメートルの５００分の１、いやそれ以下で１０００分の１、もっともっと小さくて１万分の１しかないのに、とんでもなく強かに生きていて、ちょっとやそっとではへこたれない。

どんな生き方に驚かされるのか。その第一は、気が遠くなるほど長い間、自分の形や性質を変えないで生き続けてきた微生物が、この地球上にはごまんといるということである。今から何十億年も前の、地球の創生期の間に生まれた彼ら「アーキア（古細菌）」は、今日までその生まれたままの姿で生き続けてきて、現在の地球上の総バイオマス（微生物量）の20％を占めているという説もあるのだから凄い。まあ何という頑固者か。しかも彼らは、貪欲さや生命力でも驚異的で、硫黄を喰ったり鉄を舐めたり、沸騰した湯の中でさえ平気で生きている。一体彼らは何者ぞ。

驚きの第二は、この地球上のびっくり仰天するようなところにまで棲んでいるということだ。ジェット機が飛ぶ遥か上空の地上40キロメートルにもウジャウジャと浮遊しているかと思ったら、今度は海底水深6500メートル（水圧は680気圧。1気圧は1平方センチメートルに1キログラムの重量がかかる）にも彼らはペチャンコに潰れることなく生息している。さらに南極の極寒の地にも微生物がいて、外気にさらされても、むき出しの単細胞の彼らの体は凍らないで生きているのだから、いよいよもって奇怪である。何と彼らはそこで、細胞を覆うような厚いグルカンという多糖類を着て身を守っているというのだから、これはさしずめ私たちが寒いときにオーバーを着込むのに似ている。

一方、単細胞の彼らは総じて塩に弱い。塩には強い浸透圧があり、細胞膜を半透明にして細胞内に入り込み、その圧力によって内部の生命維持器官を外にふっ飛ばして死滅させる。ところが微生物の中には、ヨルダンの塩湖・死海という猛烈に塩分の濃いところでも平気で生きていて、科学の通論など一笑してしまうような超能力を宿しているものもいるのである。とにかくこの様な例は、本書の随所に出てくるので、どうぞ驚いて下さい。

驚きの第三は、逆境に耐える恐ろしいほどの底力を持っていることである。１００℃を超す熱水の中で悠々と風呂にでも入っているように快適に過しているものもいれば、砂漠の灼熱の地で水や栄養源のほとんど無い極限の中でも平気で生きている奴もいる。しかし、何と言ってもこれぞ！という極めつきの驚きは、アルミニウムでもたちまち溶けてしまう１・２モルもの濃硫酸の中でも生育可能なスーパー耐性菌の存在がわかってきたことである。人間の皮膚についたらたちまち重度の火傷をしてしまうのに、そんなところでも大丈夫なのがいるというのであるから、もう開いた口がふさがらない。

しかし、そのあんぐり開いた口が、まだまだ閉じられないほどの凄さは、紫外線のような殺菌光線や超強力放射線からの被曝にも耐える、微生物の存在である。人間なら10グレイ（Ｇｙ）の放射線で死に至るとされるのに、微生物の中には何と１万グレイのガンマ線に耐える菌の存在も見つかった。

とにかく、このような例を次々に書いても書ききれないほど、超能力を内蔵した微生物がこの広い地球上の至るところに生息していることを思うと、油断も隙もあったものではないというよりも、ある種の浪漫すら感じるのである。

本書ではまず、これらの超能力を秘めた微生物とは一体何かを述べた後、実際にどのような菌がどんなところでその超能力を発揮しているのかを語る。その上で、それらの超能力とはどんな理由や要因によって誘起され、そしてなぜそこで耐久できるのかの理論を、細胞構造やその機能から解説する。

今日では、ニューバイオテクノロジーの手法を使って驚異的な能力をもつ微生物を人工的に造成しようとする研究が常識となっている。しかし敢えてその手法を行わず、昔の分離手法であるオールドバイオテクノロジーによって、自然界からそれらの性質を備えた菌の取得が可能であるか否かを私たちの研究を例示しながら述べる。

その結果、必ずしも最新の生命工学やテクノロジーを使わずとも、例えばアゾ色素を見事に分解して無色にする超能力脱色微生物や、動物性脂肪を植物性油脂に転換する超能力微生物を分離できた。もしこのような微生物を、最新の手法を使って人間が造成しようとしてもほぼ不可能である。

ここで今一度、温故知新の精神でオールドバイオテクノロジーの手法を見直すと共に、このことを私に教えてくれた超能力微生物の偉大さを称えようと思って書いたのが、この一冊である。

目次

第1章　超能力微生物とは何か

1．微生物はどこにどれだけいるのか？

正確な種類の数は誰にもわからない

微生物とは、肉眼では観察できない微小な生物の総称である。学問的に言えば真核生物の藻類、原生動物、真菌、原核生物の細菌、ウイルスなどをいう。私たちの生活に直接関係するのは、真菌のうちのカビ（糸状菌）、キノコ（茸）、酵母（イースト）と原核生物に属する細菌（バクテリア）である。カビは麹（こうじ）（麹カビ）をつくったり、ペニシリンのような抗生物質（青カビ）をつくる。酵母は酒類を醸したり、パンを発酵させたりする。また細菌はチーズやヨーグルト（乳酸菌）をつくったり、酢（酢酸菌）、納豆（納豆菌）をつくるなど、人々の生活のために大いに活躍してくれている。

ところが、微生物はこのような私たちの身近なところに生きるものだけではない。地球上のあらゆるところに棲息し、その種類はとても多い。原始的な原核生物としては細菌類、放線菌類、ラン藻類（シアノバクテリア）、古細菌類（アーキア）などがある。細胞核をもつ真核生物には、菌類（カビ類、酵母類、キノコ類、藻類など）が属している。さらにそれぞれの類は、生育環境（温度や水素イオン濃度指数、好・嫌気性など）、栄養の摂り方、形態、増殖の方法、代謝生産物などによってさらに細かく分類されるため、その種類は数え上げるにも難儀するほどの多さである。

たとえば一口に細菌といっても現在１３１種類が確認されていて、その１３１種類は生理的性質の違いによりさらに細かく分類されている。一方、酵母の正式分類は「真核生物類菌界子囊菌門」に位置し、この門には酒やパンを発酵するサッカロマイセス属、醬油や味噌の発酵に活躍するチゴサッカロマイセス属、産膜性のハンゼヌラ属など14属に分けられ、さらにこの属から生理的性質によって分類は細分化していくのだから夥しい数となる。また、地球上の微生物のうち36％程度を占めるといわれるカビ類に至っては、属以下を細分化分類した場合には少なく見積もっても3万種を下らないという推測もある。

ともあれ、細菌、酵母、カビの3種の微生物の分類を見ただけでもこれほどの種類がいるのだから、いったい地球上全体ではどれほどの種類が存在するのか、正確な数字は誰にもわからない。その上、世界中で毎日のように新しい種類の微生物が分離され、報告されている。未だ分離されていない無数の夥しい微生物のことを考えたならば、おそらく際限はあるまい。

ある推測によると、地球上に生息する微生物の数は、415〜615×10^{28}個だという。正に天文学的数字であるが、実はこんな数ではなく、もっと多いと考えてよいであろう。それは次のような研究の集積があるからだ。読者はその桁外れの数を知って仰天するに違いない。

ワイン酵母は2日で2000倍に増殖

まず土壌中の微生物の数から述べる。土壌には酸性土壌とアルカリ性土壌、有機質土壌と鉱物質土壌、乾燥土壌と湿潤土壌、高温土壌と低温土壌などさまざまな性状と性質を持ったものがある上に、構成するミネラル（無機質）の違いなどもあって、いちがいに生息微生物の数を比較することは困難である。

そこで、ここでは比較的一般にみられる耕地土壌（畑）についてみることにしよう。左の表に耕地土壌1グラム（乾量）当たりの数を示したが、驚くべきことに1グラム（親指のツメの上に載る程度の量）中に、日本の人口をはるかに超える数億という数の微生物がひしめき合っているのである。

ここに示した数のうち、1グラム中に3億～4億個も生息している細菌の数をもとにして、表土15センチメートルの土壌1立方メートル中に存在する微生物体量を計算すると、実に480～640グラムにも達する。また、ある土壌学者の調査によると、非常に肥沃な水田の土1グラム中には最大43億個もの細菌が生育していたと報告されている。この数は地球上の人口の約6割に相当し、しかもその細菌はさまざまな種属に及んでいた。なかでも最も多かった微生物は、酸素が欠乏しても活発に発酵活動を営む通常の土壌細菌で、その数は約3億個であった。これは、今日のアメリカの人口にほぼ相当する数である。また、糸状菌と細菌の中間のような放線菌の数は地中海の国キプロス共和国の人口に近い。

たった1グラムというわずかな土壌のなかに、地球上の多数の民族がさまざまな様式で生活しているのと同じような世界があると思うと、実に不思議であり、感動すら覚える。こうしてみると、宇宙の星の数が無限であるのと同じく、地球上の微生物の数もまた無限であることに気づき、とても数字では表せないことが分かる。

表1　耕地土壌表層中の微生物の数

（6月の肥沃畑の試料）

（個）

微生物群	土壌乾量1g当たりの数
細菌類	3億～4億
酵母類	2000万～5000万
放線菌類	20万～150万
糸状菌類	3万～10万
藻類	1万～10万
原生動物	5000～1万

一方、地球上の水圏は、地球全質量の0・024%を占めるにすぎない。そのわずかな水は地表に集まり、地球表面は70%が水で覆われているが、海水のように塩分を含んでいる水や、火山周辺の熱湯や極地の雪氷、水素イオン濃度指数(pH)が酸性である水やアルカリ性である水、清らかな水や汚れのひどい水、深海のように高い圧力下にある水などさまざまである。

微生物の最大の特徴は、生育環境にきわめて適合しやすいということにあるから、このようにさまざまな性質を持った水圏にも、多くの微生物が棲息している。南極のような低温地域でも、その塩氷底層水には1ミリリットル中に1000~10万個の細菌や酵母が生育しているし、世界各地に点在する酸性湖沼やアルカリ性ソーダ湖沼からも多くの微生物の分離が容易である。

とりわけ河川は微生物の濃い生育場となっている。上流と下流では微生物の数が異なり、有機物の多い下流域で数も種類も多くなる。ある調査によると、水源地の清澄な水1ミリリットル中には、たったの15個しか微生物がいなかったが、そこから2キロメートル下流の地点で8万個、50キロメートル地点で68万個、160キロ付近の河口では実に196万個に達していたという。

大都会のなかを流れる汚濁のひどい川では、よくブクブクとガスが吹き出ているのが観察されるが、あのガスはメタン菌によってメタン発酵が起こる際に放出されるメタンガスである。したがってあの川底には、おそらく1ミリリットル中、数千万〜数億個のメタン菌が生育していることになる。

地球全質量のわずか0・00009％しかない大気圏ではどうだろうか。空気は、容量比（体積百分率％）で78％の窒素、21％の酸素、0・9％のアルゴン、0・03％の二酸化炭素、さらにごく微量のヘリウム、ネオン、クリプトン、キセノンといった気体で構成されており、これにさらに水蒸気や有機質または無機質の塵（ちり）が加わって出来ている。風や温度によって変化するので、空気中の微生物の生育数は一様ではないが、クラドスポリウム属やアルタナリア属、バチルス属、ミクロコッカス属などは4キロメートルの上空でも、1立方メートル中に10〜500個の濃度で検出されている。

驚くことに2009年3月、インド宇宙研究機関（ISRO）は成層圏で新種のバクテリア3種を発見したと発表した。成層圏は上空12キロメートルから50キロメートルの空間で、空気は希薄でマイナス55℃という過酷な環境下である。そんな中でなぜ生息できるのかは実に興味を抱かせることである。このような超能力をもった微生物の生態こそ本書の主題とするところであるので、詳しく後述する。

私たちの日常生活の場である室内では、空気1立方メートル当たり数百個の微生物がおり、ゴミ処理場や食肉処理場の建物内の空気中になると一挙に数十万個に増えることもある。また、室内の空気中の微生物は、そこに暮らしている人間の体へも付着し、頭皮や皮膚も微生物の格好の生育の場である。特に腋の下のような湿った皮膚部、口腔内、肛門付近、陰部付近、鼻汁といったところからは驚くべき数の微生物が分離される。幾人かの多汗症の人をサンプルにして、真夏日の入浴前の腋の下から微生物を分離した実験では、サルシナ属が1平方センチメートルあたり1万～10万個検出されたという。

空気と常に接触している植物の葉や枝、樹皮などの表面上にも、樹液のような有機物が多いので微生物が多数集まっている。また花の蜜にも主として発酵性酵母が多く、これらの微生物は風によって運ばれるほか、昆虫によっても広く伝播されて数を増していく。

ある報告によると、熱帯樹林の常緑植物の樹液の多い葉1平方センチメートルには、酵母を主体とした微生物が1000万個も生育していたという。微生物たちはそれらの植物の上でただじっとしているだけではなく、生きていくためのさまざまな生理作用をしながら子孫を残していく。

たとえば今、ここに熟して甘くておいしいブドウの実があるとする。これらを皮付きのまま潰して容器に囲っておくと、15時間ほどするとプップツと炭酸ガスを吹き上げてアルコール発酵が開始される。それはブドウの皮に付着していたり空気中に浮遊していた発酵力の強い酵母がひき起こす発酵現象である。

発酵直前、このブドウの果皮１グラム中にいる酵母はおよそ10万個ほどだが、発酵が起こって24時間目には４０００万個（約４００倍）、そして48時間目には2億個（約２０００倍）に増える。微生物は格好の生育環境下に入った時、一挙にその数を天文学的に増やしていくことが、このブドウ酒の発酵の例から理解されたと思う。

2. 細胞の構造と増殖の仕方

地球上そして私たちの生活の周りには夥しい数の微生物が生息しているが、その中には驚くべき特殊な環境でも平然と生活できる超能力を持った微生物が存在している。そのような微生物について深く知るために、まず微生物の体は一体どうなっているのか、構造を簡単におさえておこう。

ここでは、微生物細胞の構造と機能について述べておく。左の図の(1)〜(3)は代表的な微生物である細菌（原核生物）、酵母・カビ（真核生物）の細胞内部の構造である。

三者共よく似た構造をしているが、それぞれの器官には役割がある。まず細菌の場合、遺伝情報を同じくする染色体、DNAを持ち、タンパク質の生合成に重要な役割を持つリボゾーム粒子が多数（約1万個）散りばめられている。DNAは、細胞の長さの数百倍にも及ぶ細長い巨大な分子でできていて、細胞内にひとかたまりになっている。顆粒状物質は栄養源の貯蔵庫のようなもので、さらに細胞内全体には、さまざまな生体反応を司る酵

図１　微生物の内部構造

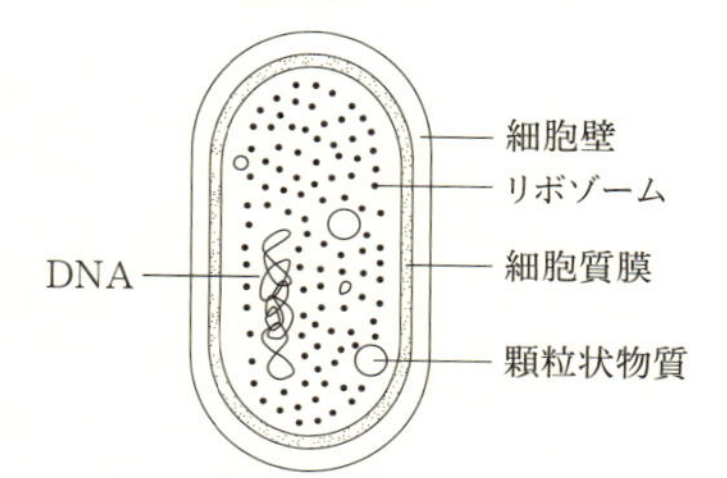

（1）細菌細胞の内部構造

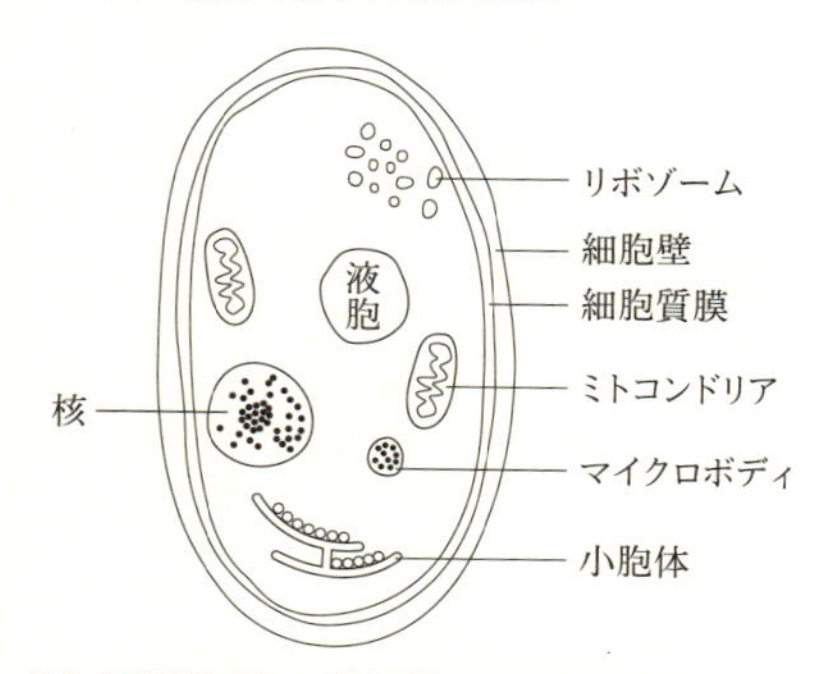

（2）酵母細胞の微細構造の模型
（『応用微生物学』文永堂出版を参照）

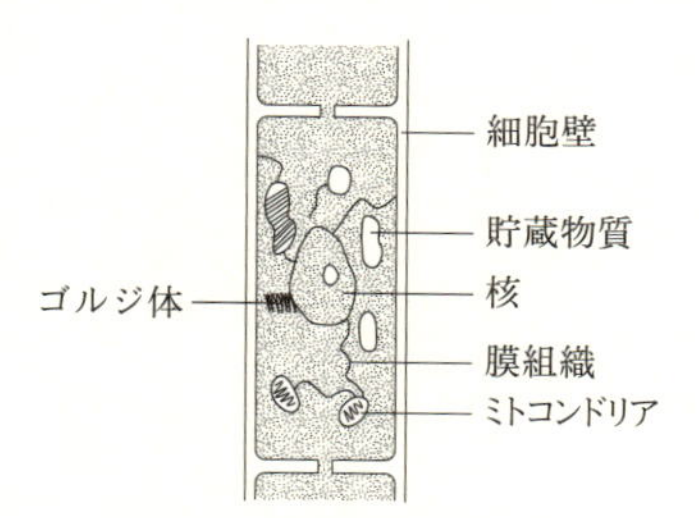

（3）カビ細胞の内部構造

素を中心に、何百、何千もの物質が溶け込んでいる。これらの物質は、細胞外から取り込まれた栄養成分（糖、アミノ酸、無機物など）を代謝して、さまざまな生体物質に変換し、その時に生じたエネルギーによって細胞の増殖を可能にしている。

細胞の大きさは約１～２μ（ミクロン）（１μは１０００分の１ミリ）であるのに対し、酵母はそれより少し大きく５～８μ程である。こちらの内部構造はやや複雑で、外部から取り込んだ栄養源や種々の酵素、アミノ酸、ポリリン酸などを貯えたりする液胞があり、核は遺伝子情報を司り、ミトコンドリアには呼吸系酵素があって、空気を取り込んで（好気的に）エネルギーを生産している。マイクロボディ内には、アルコールや過酸化水素など、必要としない生産物を分解する酵素が存在している。小胞体はタンパク質分泌器官として重要な役割を持っている。電子顕微鏡写真でも、それらの器官がはっきりと見える。

酵母と同じ真核生物のカビも、大概は同じような構造を持っている。

これらの微生物の細胞質を包んでいる細胞質膜（細胞膜）は、栄養物質や代謝物質の透過や輸送、呼吸の場として重要な役割を果たし、またそれを外側から被っている細胞壁は、細胞内部の高い浸透圧に耐えて、細胞を一定の形に保つ強度を有している。細胞膜は主にタンパク質（６０％）と、リン脂質のような脂質（４０％）で占められ、親水性や疎水性の機能を有している。細胞壁は頑丈でないといけないので、ペプチドグルカン（アセチルグルコサミンやアセチルムラミン酸、キチンなどで構成）からなる網目構造による巨大分子でつくられていて、その中に糖やアミノ酸などの栄養成分を細胞内に取り込んだり、代謝後の老廃物を外に排出する役目のタンパク質などが局在している。

さらに、超能力微生物を理解するのに必要な器官として「胞子（ほうし）」がある。胞子は細菌では桿菌（かんきん）（丸い形の球菌ではなく細長い四角状の菌）であるバチルスやクロストリジウム、スポロサルシナに限ってつくり、細胞内に円又は卵形のものを1個つくる。この胞子は、特殊能力として耐熱性（内生胞子。エンドスポア）を有し、また耐乾性や化学薬品などにも強い抵抗性を持っている。これは、胞子内の5～15％も占めるジピコリン酸カルシウムによるものだといわれているが諸説あって未解明の謎である。ともあれ、胞子を作るバチルス属の納豆菌（バチルス・ナットウ）は、何と１２０℃の高温まで耐えられ（ほとんどの微生物は１００℃以下で滅菌される）、また零下１００℃でも死滅しない。その上、酸やアルカリにも強く、ｐＨ１・０（硫酸並みの超酸性）からｐＨ10・０（人体も溶ける超アルカリ性）の環境下でも生き延びることができる。

酵母も胞子をつくるもの（有胞子酵母）とつくらないもの（無胞子酵母）とがある。しかしそれは、絶えず菌体内に造られているものではなく、栄養源の欠乏や代謝物の蓄積といった異常状況下でつくられる。最新の研究でも、温度、浸透圧、高低pH、凍結などの環境下で胞子の存在はそれらへの耐性を可能にするという報告がある。

酵母と同じ真菌類の子嚢菌に含まれるカビ（主として麴カビや青カビなど）も胞子をつくるが、こちらの胞子は耐性に使われるのではなく、繁殖に用いられている。そのため、こちらの場合は細胞内ではなく、菌糸の先端の子実体に胞子を着生させる形をとっている。こうすると、胞子（分生胞子）は外に飛んで行けるので、着地したところで発芽し、それが菌糸となり、さらに成長して子実体をつくり、その頂嚢に胞子を着生、再び外に飛んで行って数（子孫）を増やすことになる。これがカビの生活史である。

これに対して、細菌はどのように増殖するかというと、多くは分裂という形をとっている。たとえば球菌のストレプトコッカスは1つの細胞が1方向に分裂していき、ペディオコッカスは2方向へ、サルシナは3方向へ、スタフィロコッカスは不規則に分裂しながら子孫を増やしていく。細菌細胞1個の重さは10^{-12}グラムであるから、これが1兆個に増えれば約1グラムとなる。したがって、環境条件と栄養条件が整えば、細菌はどんどん数を増やして、たちまちのうちに大量の菌体量に達するから凄まじい。

図2　微生物の増殖システム

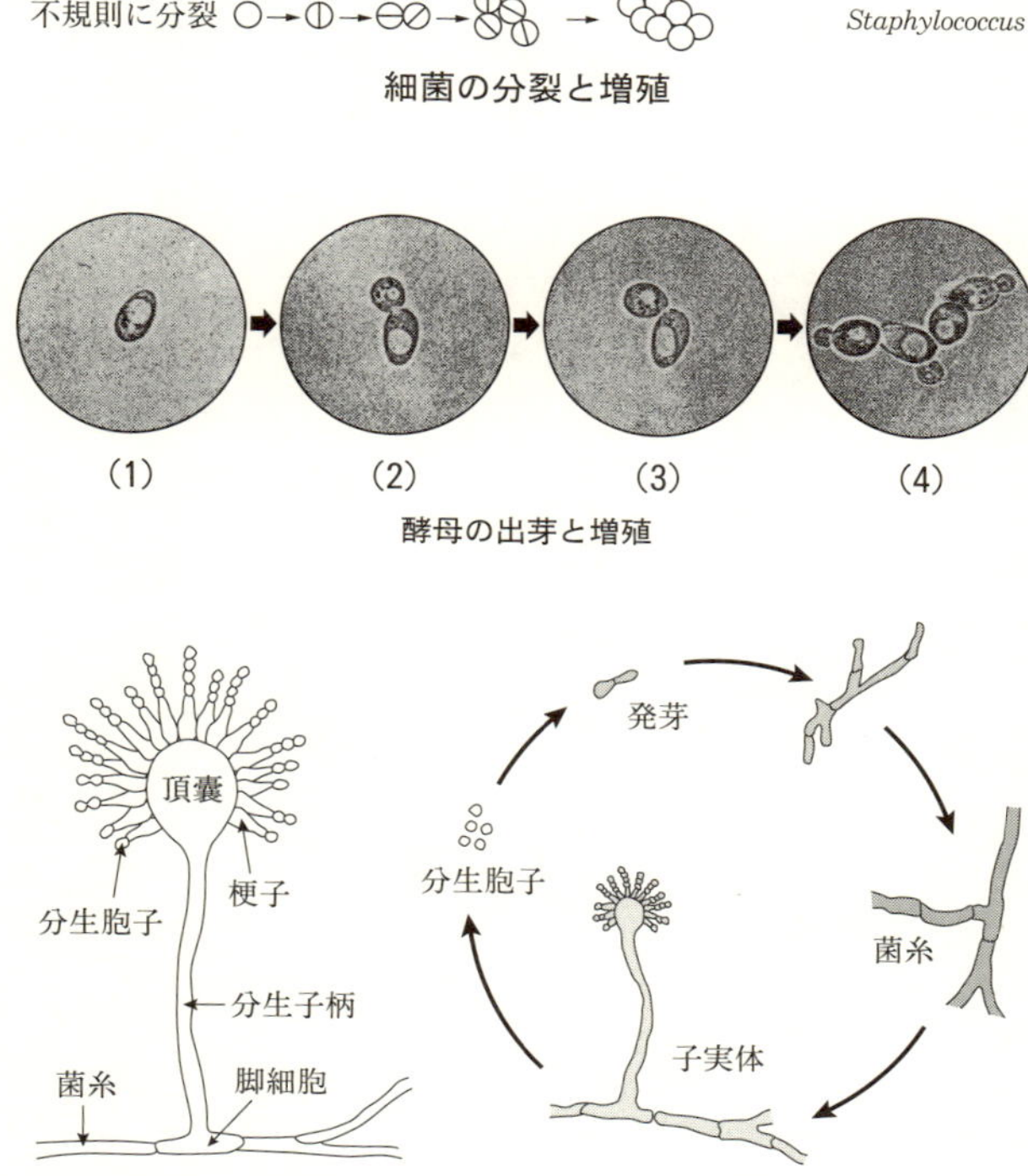

細菌の分裂と増殖

酵母の出芽と増殖

麹カビの分生胞子

麹カビの生活史

酵母は出芽法によって増殖していくのが一般的である。1個の母細胞(1)が芽を出して娘細胞が育ち(2)、それが分離(3)、その娘細胞が今度は母細胞となって出芽し(4)、こうしてどんどんと数を増やしていくのである。(1)から(4)までに要する時間は約4時間である。

3．超能力微生物とはどんな生きものか

過酷な環境に耐えて超絶進化

さて、本書では「超能力微生物」という言葉を用いているが、こういった微生物の定義は無いし、したがって微生物の分類にも入っていない。

人間の場合、超能力というと人知を超えた能力を言い、今日の科学では合理的に説明できない超自然な現象を指すことが多い。たとえばテレパシーとか予知予言、透視、幽体離脱（体は寝ている状態で、精神のみ動き回ることのできるという能力）、テレポーテーション（瞬間的に離れた空間に移動できる能力）、借力（大きな力を持った能力）、エンパス（高い共感能力）、サイコキネシス（意思のみで物体を動かすという能力）などである。

もっとも、超能力微生物と言っても、微生物にオカルト的な力が宿っているということではない。ただ、人間を含めた通常の生物では到底考えられないような、とてつもない力を秘めている微生物が数多く存在するのである。

では、なぜ微生物はそのような力を持つようになったのか？

微生物には脳や思考力、感情、社会性などは無い。その行動は、子孫の維持と繁栄のためだけで、それを無意識に行うことのみなのである。即ち遺伝子に組み込まれたその目的行動の指図どおりに生き、そして増殖し、単細胞としての生活史を終える。人間を病気に陥（おとしい）れ、時には死に至らしめる病原菌や、せっかくの大切な食べものを腐らせてしまう腐敗菌、納豆や味噌、醬油、酢、酒類、チーズ、ヨーグルトなどの発酵食品を醸してくれる発酵菌などは、人間を懲（こ）らしめてやろうとか、美味しいものを造ってあげようといった思考などは全く無い。単に遺伝子に組み込まれた子孫維持のための行動を忠実に果たした結果にすぎないのである。

人体で病原菌が増えるのも、発酵食品ができるのも、それは微生物たちがそこで菌体の中に栄養源（糖やアミノ酸、無機質など）を摂り入れ、それを使って得られたエネルギーで増殖作用を繰り返した結果にすぎない。要するに、人体や発酵食品の原料に彼らは子孫繁栄の場を確保し、そこに同じ遺伝子を持った無数の子や孫を宿していくことに徹しているだけのことである。そして、その子孫繁栄の場は、人体や発酵食品の原料のみならず、土壌や樹木、空気、海水、淡水など地球上のあらゆる場所に広がっている。

ところが地球上には、さまざまな環境の違いがある。たとえば灼熱と極寒、高地と低地、深海と浅海（あるいは高水圧と低水圧）、塩水と淡水、酸性土壌とアルカリ性土壌、乾燥地帯と湿地帯、栄養夥多地と貧栄養地（あるいは肥沃な土と痩せた土）などである。そうした環境に置かれた最初の個体たちは、種族維持のため、どうしてもその環境に適応していかなければならない。彼らはそこで苦しいながらも過酷な環境に耐え、何百万年、何千万年、何億年もの間、生き続けてきたのである。

生存の途中において、どうしても体の機能を変えなければその環境に適応できないこともあり、微生物は体の構造と生理機能をあらたにつくり上げてきた。それが遺伝的進化である。つまり超能力微生物とは、地球上の過酷な環境下で、長い間そこで耐えられる特殊な菌体構造と生理作用を身に付けて生きてきた微生物のことである。

４．微生物の「生」と「死滅」

厳しい環境に耐えられないからといって微生物が死滅してしまうのでは、最大の目標である種族の維持はできず、したがって生きる意味はない。だから、懸命に本能のまま生命を保持しようと、気の遠くなるほどの時間をかけて進化してきたのである。

ここで知っておかねばならない大切なことは、微生物が「生きる」ことの反対、つまり「死滅する」ということはどういう状態を言うのか、である。微生物そのものには感情がないので、「生きる」とか「死ぬ」といった概念は全く無く、そのため「死滅」の字が当てられる。つまり残らず滅びること、絶滅することであり、ひとことで言えば有機体が無機体になることに過ぎないのである。

微生物を含めて全ての生命体は、生きているときは炭素（C）を必ず有する有機体（多糖類やタンパク質、脂質など）でできているが、これが死滅すると菌体が崩壊して炭素を失い、無機体（リンやカリウム、カルシウム、マグネシウムなどのミネラル体）になり、再び自らの生命を構築することはできない（人も生きているときは有機体だが、死後は朽ちて骨のみとなり、すなわち無機物の塊となる）のである。

劇的な環境の変化、たとえば突然高温に曝されたとき、高温に耐えることのできない微生物は、まず菌体を構成する主要成分のタンパク質が変性してしまう。熱によってタンパク質の構造が不可逆的に変化して活性を失ったり、凝固したり、不溶性になったりして、生きて行くための機能を失ってしまう。タンパク質でできている酵素（全ての生体内生理作用を機序している中枢の物質）もその活動を失活してしまうので、死滅に至るのである。こうしたタンパク質変性は高温のみならず、pHの変化、高濃度の塩分の存在、尿素のような薬剤でも起こる。またそのような外的刺激要因は、タンパク質の変性のみならず、遺伝子を司るDNAやRNA、さらには細胞壁なども破壊するので、ほとんどの細胞成分が菌体外に飛び出したり、分解したりして死滅に至るのである。

一方、細菌や酵母、カビ類などの微生物は「自己消化」という特殊な生理現象を起こして死滅することもある。これは、どんどん増殖して行って、生活密度が高くなりすぎたり、栄養源を食べ尽くして食べるものが無くなってしまったなどの理由で増殖が止まったとき、自らが菌体を構成するタンパク質や核酸、糖類を低分子化して菌体外に溶出させ、死滅する現象である。自らもたらした生育環境の異常によって引き起こしたタンパク質分解酵素や核酸分解酵素などの活性化、これによる菌体の崩壊。この一連の自滅現象は、とても興味を引かれることである。

また、微生物の中には栄養が極貧に陥ったり無くなったりして飢餓状態となっても死滅せず、それに耐えぬく力を持ったものもいる。飢餓状態に陥ると、細胞内体謝を止め、タンパク質合成も止めるので増殖も止まり、あとはじっとしてその場を凌ごうとする。これを「休眠状態」と言って、その後栄養源を与えると再び活発に増殖を始めることになる。

ところで、現在最も多く使われている微生物の保存法は「凍結乾燥法」である。この方法は微生物をマイナス80℃という超低温で保存するのだが、数年間は微生物を死滅させることなく生きたまま保存することができる。さらに、マイナス１９６℃の液体窒素で保存する方法もある。こんなに温度を低くしてしまったら、たちまちタンパク質の変性やその他の生体崩壊現象が起こって死滅してしまうのではないだろうか、と疑問を抱く人も少なくないであろうが、大丈夫なのである。

その理由は、これらの超低温保存法の技術にある。まず微生物を懸濁液に分散させるが、その液は「分散液」あるいは「微生物の保護物質溶液」と呼ばれ、10％スキムミルク液や

5%トレハロース液、15%グリセリン溶液が使われる。また10%スキムミルクと5%トレハロース、1・5%グルタミン酸ナトリウムを混合したものも効果のある分散液である。これらの保護物質溶液は、凍結乾燥法、液体窒素凍結法、乾燥保存法などでは必ず添加して使われる。このような保護物質溶液は微生物細胞を外側から包むようにして低温から守り、保存することができるのである。現在多くの機関で行われている保存方法は「凍結乾燥アンプル法」で、次のような方法で行われている。スキムミルクとグルタミン酸ナトリウムを含んだ水溶液に微生物細胞を懸濁し、アンプル用ガラスチューブに入れ、一気に凍結及び乾燥（真空状態に置く）させ、そのままガラスチューブを溶封して保存するのである。この方法で行った場合、微生物は40〜50年も保存できるとされている。

第2章　地球上に現存する超能力微生物

宇宙には存在しない超能力微生物

超能力微生物は、地球上の過酷な環境のところどころに生息している。しかし、地球と比べれば、宇宙空間に浮かぶ月、火星、水星、木星、金星、土星といった惑星はさらに超過酷なところである。そのような場所に微生物が生息していたら、それこそ超能力を遥かに通り越したミクロ・エイリアンとでも考えなければならないであろう。

現在わかっているところでは、地球をとりまく大気の最も外側、すなわち対流圏と成層圏の境界付近の地上約10キロメートル地点で細菌の一種バチルス属やミクロコッカス属が生育している。またある報告では、成層圏に入った地上30キロメートル地点で微生物の胞子を検出したという。しかし、この胞子が発芽して再び生育できるものであるかどうかは明確にされていない。おそらく成層圏では乾燥と低温、強い紫外線、無栄養状態など厳しい環境が重なりすぎて、微生物の生育は難しいとみられている。

1969年7月20日、月の表面「静かの海」に、アメリカの3人乗りの有人月探査機アポロ11号は無事に軟着陸し、人類史上初めて月の表面に第一歩を印した。そのとき、2人の乗組員が月面に降りて探査を行い、アポロ計画全体では381・7キログラムの月の岩石や土壌を持ち帰った。この貴重な試料は、世界中の科学者約150人が国の違いを超えて分析に取り組んだ。

月は地球からたったの38万4000キロメートルしか離れていないことから考え、科学者の関心は何といっても生物存在の有無にあった。目に見える生物がたとえ観察されなくても、ミクロな微生物がもしかしたら存在するかもしれない。世界中の人々が固唾（かたず）を呑んで見守るなか、科学者たちは試料からの有機物質の検出に全力をあげた。

その結果、月の岩石の炭素濃度は１グラム当たり平均157マイクログラム、そのうち有機物質は40マイクログラムで、その化合物はカルボキシル基、アミノ基、カルボニル基などであった。これらの有機化合物は今から数十億年ほど前に、熱や光などの作用を受けて生成されたものであることも判明した。

だが、月の岩石試料からは生命を構成する糖や核酸、塩基、脂肪酸などを見出すことはできなかった。さらに高精度の顕微鏡によっても地球上に見出されている微生物の形態らしいものはまったくなく、生物の存在は否定された。地球に最も近い天体の月にさえ生命存在を示す痕跡すら見出されなかったことから、おそらく他の天体も同様であろうと見られており、今のところこの地球以外に生物の存在はないとされている。

では、この地球上のどのような場所に超能力微生物が生息しているのだろうか。現在確認されているものを以下に述べることにする。

1．高温度耐性微生物

120℃でも死なない

高度好温菌あるいは高温度耐性菌といわれる一群の微生物は、きわめて興味深い特殊な適応性を持っている。たとえばこの種の研究の初めごろに報告されたバチルス・ステアロサーモフィルスという細菌は、70～75℃を生育の適温とする菌で、その生育環境には人間など全く入る余地のない状態にある。

また米ウィスコンシン大学のトーマス・ブロック博士が発見（1960年代）した75℃以上を生育温度とするサームス属の細菌のうちサームス・アクアチクスはアメリカのイエローストーンの温泉場から分離された菌で、高温のみならず温泉につきものの硫黄を大いに好む変わり種である。同じような性質を持つ細菌にサームス・サーモフィルスがあるが、この菌は日本の伊豆の温泉の熱湯から分離された。温泉を好むのはなにも人間だけではな

表 2　高温熱耐性菌の研究の歴史

年代	内容
1920 年代	生育限界温度 65℃ の微生物「ゲオバチルス・ステアロサーモフィルス」を確認。
1960 年代	アメリカのイエローストーン国立公園、日本の箱根や伊豆などの温泉から多数の微生物を分離。生育限界温度 80℃ 以上の菌の存在を確認。
1970 年代	有人潜水調査艇アルビン号（アメリカ）により深海熱水鉱床が発見され、熱水噴出孔に多数の微生物の存在を確認。1972 年、生育限界温度 82℃ の微生物「スルホロブス・アシドカルダリウス」を確認。全て古細菌として注目される。
1980 年代	世界の多くの国々で高温熱耐性菌の研究が盛んになり、生育最適温度が 100℃ 以上の微生物が数多く発見される。生育限界温度は 1980 年に 87℃「スルホロブス・ソルファタリクス」であったが、1982 年、カール・シュテッター（ドイツ）が 121℃ の生育最高温度の微生物を発見。1983 年に 110℃「ピロディィクチウム・オキュルタム」も発見された。
1990 年代	1993 年、アメリカのキャリー・マリスが耐熱性 DNA ポリメラーゼの研究によりノーベル化学賞を受賞。この時に用いられた DNA ポリメラーゼは好熱菌「サームス・アクアチクス」からのものであり、Taq ポリメラーゼの名はこれに由来する。
2000 年代	2008 年、日本の高井研が生育最高温度 122℃ の微生物「メタノフィルス・カンドレリ」を発見。

いのである。

現在のところ、高温水に生育する細菌の最高記録としては、105℃という水の沸騰点以上の環境に生息するものが知られている。この菌はイタリアのナポリ近郊の海底火山から分離されたものである。海底火山では熱水鉱床といって地殻からマグマが流れ出してきて数百度にもなっており、その周辺の水は沸騰しているところがある。そのような熱湯には大概、0・1モルもの硫酸が含まれており、強い酸性である上に水圧も高い。そんな極限の環境でも目に見えないほどの微細な生物が生きていると思うと、感動すら覚える。これらの菌も、次節で紹介する好低温菌と同様に、細胞を包む細胞壁に特殊な構造や機能があって、厳しい外的環境に順応した備えを持っている。

微生物が生育する最高温度はこれまで121℃で、ドイツのレーゲンスブルク大学のカール・シュテッター教授が1982年に発表したものであった。長くこの記録は破られていなかったが、その26年後の2008年に日本の海洋研究開発機構の高井研博士が122℃で生育する微生物を発見している。

人間など及ばないこれほどの高温で生育する菌であるから、耐熱胞子やよほど高温に安定性を持つ酵素（タンパク質）が存在するに違いないと、多くの研究者が探究したところ、実際に数多くの耐熱性酵素が発見された。極限微生物の研究では世界的権威として著名な掘越弘毅博士は、著書『極限微生物と技術革新』（白日社）の中で次のように述べている。

「高い温度で生きるのだから、彼らが作る酵素は高温でも安定であるに違いない。これは非常に短絡的な考えであるが理屈は合っており、高温で安定な酵素を求めて好熱菌探しが始まり、実際に数多くの耐熱性酵素が発見されたのである。見つかった酵素の中で最も有名なのが、微量のＤＮＡ（デオキシリボ核酸）〔遺伝子情報を司る高分子生体物質〕を大量複製するＤＮＡポリメラーゼであり、これによってＰＣＲ法（ポリメラーゼ連鎖反応法）が実現したのである。

ＰＣＲ法は生命科学の研究や遺伝子診断のために超微量の遺伝子ＤＮＡをたくさんに増やす技術で、今やこれを使っていない生物学の研究室はないといっていいほどポピュラーな装置だ。反面、その酵素が超好熱性細菌から見つかったという事実は、もはや知らない人が多くなったかもしれない」

掘越博士は、我が国における超能力微生物研究の先駆者で、それにより応用微生物の分野でも広く社会に貢献し、この類の研究を一層発展させる原動力となった。

これらの高温が引き起こす死滅への要因は、タンパク質の変性と酵素の失活、核酸（Ｄ

NAとRNA）の二本鎖の変形で解離しやすくなった膜脂質の切断などが知られている。したがって耐熱性菌は、これらを生じさせない高温耐性酵素（タンパク質）や、芽胞（細菌胞子）の耐熱性機序の発生メカニズムなどを備え持っていると考えられている。

2．低温度耐性微生物

氷点下でも凍らない

微生物は低温になるに従って、その生育は緩慢となり、さらに低くなると停止する。その現象を利用して、食品の保蔵には低温が利用される。一般に0℃以上10℃以下の温度で保存することを冷蔵といい、0℃以下で凍結させて保存することを冷凍という。冷蔵では、まだ多数の菌群が生育する範囲なので、3日から5日後には食品は腐敗を起こす場合が多いので、いくら冷蔵庫に保管していたからといって安心は禁物である。

また、0℃以下であっても、アクロモバクターやフラボバクテリウム、プソイドモナス、ミクロコッカスなどの低温性細菌、酵母ではトルロプシス属やキャンディダ属、カビではペニシリウム属（青カビ）、ムコール属（毛カビ）、クラドスポリウム属などが生育するから、こちらも油断できない。

驚くべきことに、これらの低温性微生物の0℃における生育の速度は高温菌より速く、また菌体増殖量も多いことが観察されているから、低温菌の底力は侮れない。

微生物の生育限界最低温度は、温度のほかに微生物の体内の水分が氷結するか否かが重要な因子ともなる。細菌の場合は細胞質膜と細胞壁は薄いので、凍って氷になると、細胞内から酵素タンパク質やさまざまな生体維持成分が外に押し出され、残る内部の浸透圧が高くなって生育困難、死滅ということになる。しかし、酵母やカビは細胞質膜や細胞壁が厚いので、凍っても耐浸透圧性が高く、生育できるものが多い。

それだけでも驚きだが、まだまだ上には上がいる。たとえば結核菌は液体窒素（マイナス193℃）という極超低温下でも40時間は生きていたという報告もあるほどである。

低温菌の低温環境への適応性には、まず細胞膜組成の変化が必要である。これは、低温によって細胞中のさまざまな物質流動が低下するための対処だ。たとえば高熱性菌の主な細胞膜脂質は高温になるとエーテル型脂質と呼ばれる型になり、低温菌の場合は低温に備えるためジエーテル型脂質になってくる。また低温による核分子やタンパク質の変性（異常変化）への対処は、変性した構造を元の状態に戻す働きを持つシャペロン（低温ショックタンパク質）によって行われているほか、低温ストレス応答性ＤＥＡＤボックスＲＮＡヘリカーゼなども対応しているという。

南極や北極といった極寒の地では、以前から微生物の生育はまったくないといわれてきた。ところが微生物学が発達した今日では、多数の好低温菌が発見されている。たとえば南極大陸の土壌や氷の中からマイナス18℃からマイナス23℃に耐えるキャンディダ・スコッティなど多種の微生物の存在が確認されたほか、極地のさまざまな地点からも好低温菌が分離されている。

よく調べてみると彼らは、菌体の最も外側にある細胞を覆う細胞壁にゴム質のような厚いグルカン状多糖類を形成していたり、繊維状のカプセルのようなものを細胞壁外側に持っていたりして細胞内を保護していたという。さしずめ私たちが、寒いときにオーバーを着込むという防寒法と全く同じことをして寒さに対応していることがわかった。

これは言い換えれば、0℃以下でも細胞が凍らないことを意味するものである。

将来、零下でも凍らないような物質をつくろうとするときには、こういう微生物からさまざまな知恵や情報を教えてもらうことも可能であろう。

3．古細菌

太古の地球の生き残り

高温や低温など、多くの極限環境でも耐えられる菌の中に「古細菌」という一群がある。この菌群（アーキア群）は特殊な微生物で、細胞膜にｓｎ-グリセロール１-リン酸イソプレノイドエーテル（他の微生物はｓｎ-グリセロール３-リン酸脂肪酸エステル）を持つことに特徴づけられているので、一般細菌とは異なる系統に属している。１９６０年頃から、「好熱性の細菌の中には、一般細菌とは性質を異にする変わった微生物がいる」という報告が出始め、１９７０年と１９７２年に相次いで炭鉱のボタ山からサーモプラズマ・アシドフィラムが、イエローストーン国立公園の火山付近からスルホロブス・アシドカルダリウスが発見され、後にこれが細胞膜にエーテル型脂質を持った古細菌と断定された。

この菌群をかつて日本では古細菌と言わず「始原菌」と呼び、細菌から外して別個の菌群に分類していた。その後の研究で、古細菌は一般生物圏や極限環境圏を中心に広く分布していて、最大で地球上の総バイオマス（微生物量）の20％を占めると目されるようになった。

　とりわけその多くは極限環境に分布が濃く、たとえば非常に強い嫌気度（空気や酸素を嫌う）を要求するメタン菌は古細菌の代表のような微生物である。また、１００℃を優に超える高温で活動する古細菌が温泉の間欠泉やブラックスモーカー（海底で３００℃以上の高温の熱水が噴き出す煙突状の噴出孔。その周辺の海水には鉛、亜鉛、銅、鉄などが硫黄と結合した硫化物を多く含み、海水と反応して黒色を呈している所。チムニーとも言う）、油田などから発見されている。さらに、高い塩分濃度や強酸、強アルカリといった極限環境からも、比較的容易に古細菌を分離することができる。

　このような古細菌の生息地が太古の地球の環境によく似ていることから、ギリシャ語の「太古」＝アーキア（archaia）と呼ばれるようになった。つまり太古の地球で生息したまま、その生命現象や極限への耐性機能を変化させることなく今日まで生き延びてきた一群なのである。

　それらの生物が出現した当時、地球の大気中にはまだ酸素がなかった。そのため酸素を必要としないメタン菌のような古細菌になったのであろう。ただ、水はいかなる生物にとっても不可欠の物質である。水が太古から存在していたことは、西グリーンランドで出土した38億年前の岩石試料が、水中で堆積されたものであることから明らかになっている。

その後、地球の大気に酸素が漸増しはじめるが、その増加の状態は現在の大気中の酸素含有量を100％とすると、20億～10億年前には1％、7億年前には5％、6億～5億年前には急に高まって50～70％、そして3億～1億年前には今日と同じ100％の濃度に達している。この酸素の形成には、大気中の水蒸気が紫外線によって分解されて出来上がったという説もあるが、酸素出現と符合して光合成生物が誕生していることからみると、それらの生物によってつくり出されたとみるのが一般的である。

6億～5億年前に急激に酸素が増加したのは、そのころから地球上にシダ類が繁茂しはじめ、さらに陸地にはさまざまな植物の森が形成されたことによるものである。したがってそれ以前のわずかな酸素は、今日にもみられる古細菌の緑色硫黄細菌や紅色硫黄細菌といった、光合成細菌によってもたらされたものである。その後の地球上の多くの生物が、酸素を不可欠として生存するものが大半であることから考えると、地球にとって最初の生き物となったこの微細な酸素生産菌（光合成細菌）の働きは、まことに意義が大きく、偉大なものであった。

硫黄を食べて生きていける

ところで酸素すらなく、ましてや栄養素となる有機物さえも十分になかった無機質主体の太古の地球で、最初の微生物は一体何をエネルギー源として生きていたのであろうか。この疑問は、今日でもみることのできるある特殊な細菌から推測することができる。すなわち石油地層内や火山土壌、硫黄鉱床、鉄鉱床などから容易に分離される無機栄養微生物がそれで、無機物のみを栄養源として生活、増殖できる珍しい微生物群である。

それらの古細菌には硫黄を食べて生きる硫黄細菌、硝化物を栄養源とする硝化細菌、水素をエネルギー源として生育する水素細菌、そして鉄に作用してそれを生きる糧に使う鉄細菌などがある。無機物を食べてでも生きることができるという、こうした原始微生物の栄養摂取法の超能力をみると、その後の微生物がいかに多様な能力をその微細な体内に蓄積しながら今日まで進化し続けてきたかがよくわかる。また今日、複雑で多岐にわたる重要物質を人類にもたらしてきた微生物の驚くべき能力の原点を求めれば、それはこのあたりにあるような気がする。

微生物が地球上に出現したきっかけ、すなわち「生命の起源」については古くからさまざまな考え方がなされてきた。そのなかで最も著名なのは、旧ソ連の生化学者オパーリンの提唱した『地球上における生命の起源』（1936年）である。この仮説は、現在最も支持され、生命研究の基礎ともなっているもので、その考え方は次のようなものである。

まず、原始の地球に豊富に存在したアンモニア、シアン化水素、リン、二酸化炭素などの無機質と、メタン、エタン、アセチレンといった有機質とが混合し、この混合気体に紫外線や電磁波などの光、さらに火山マグマの熱といった物理的な条件が加わって、アミノ酸、糖、塩基など生体構成に不可欠の物質が自然に合成された。次にこれらの物質がさらに反応を重ねることにより、まず細胞様構造が生じ、また別に生じていた代謝活性を持ったタンパク質様物質、およびその合成を助ける核酸がうまく組み合わさって、生命の根源が誕生した……というものだ。この仮説は「化学進化説」と呼ばれる。

こうして地球上に誕生した最初の生命は、原生生物（微生物）として今日までそのままのかたちでとどまった古細菌や、「生物進化」を繰り返しながら成長を続けてきて、ついにはさまざまな植物や動物にまで発展して今の世を迎えたものなど、まさに神秘に満ちた感動的な営みが続けられてきた。35億年前、地球のどこかのたった1点の地に生じた目にも見えない微細な生命の根源が、今から7億年前には無脊椎動物を誕生させ、6億～5億

5000万年前にはシダやさまざまな植物を出現させて地球に森を繁らせ、2億年前にはあの恐竜までつくりあげた。そして、1億5000万年前には胎生哺乳類が生まれ、7000万年前には霊長類、3500万年前には原始的なサル（パラピテクス）が登場し、ついに200万年前には火を使ったと言われる原人が現れた。

微生物が誕生した35億年前を1月1日として地球カレンダーをつくると、人類が登場したのはおよそ12月31日午後11時50分ごろになるという。微生物は人間不在の気の遠くなるようなその間、地球維持のために実に大切な発酵作用をしてきたのである。

4．好アルカリ性微生物

日本人研究者の大発見

微生物の生育は培地の水素イオン濃度指数（pH）により著しい影響を受ける。

一般的に細菌はpH7・0（中性）、または微アルカリ性に生育の至適（最適）pHが存在する。しかし、乳酸菌や酪酸菌はpH3・5くらいの酸性でも生育する。また、硫黄細菌もｐＨ３くらいで生育する。一方、ｐＨ10～11に至適ｐＨを持つ好アルカリ性細菌が分離され、その性質が調べられており、応用も進んでいる。放線菌はほかの細菌と同様に中性ないし微アルカリ性に至適ｐＨがあり、一方、酵母、糸状菌は微酸性ｐＨ５～６に至適ｐＨがあり、またかなり低いｐＨ（つまり強酸性）でも生育するものがある。

なぜ微生物の生育はｐＨ領域に影響を受けるのであろうか。

液体であれ固体であれ、微生物は常に培養体と接触して生きているので、そこに溶解しているさまざまな物質はなんらかの形で菌体に取り込まれることになる。たとえば硫酸のような酸の存在は菌体内をたちまち酸性にしてしまうし、水酸化ナトリウムのようなアルカリの存在があればアルカリ性になってしまう。

ところが、生体内で栄養の分解や吸収、呼吸作用、エネルギー獲得などを司る酵素は、いずれも至適ｐＨ領域を持っている。そのため、菌体内のｐＨが高過ぎたり低過ぎたりすると、菌体内生合成酵素は直ちに作用しなくなり、それが続いている間に死滅してしまうのである。

微生物学的にはｐＨ５～９に至適ｐＨを有する微生物を「好中性菌」と呼んで、微生物の大半はこの範囲に含まれる。一方、ｐＨ５以下は「好酸性菌」とされる。好中性菌はさまざまな生合成系の乱れや、タンパク質の変性が見られる。逆にpH9以上に至適増殖を示す微生物を「好アルカリ性菌」と呼ぶ。

以前は、強アルカリ下ではタンパク質の変性が顕著である上に、生化学反応の調節や化学浸透圧の形成が困難であるため、その領域を好む菌の存在はありえないとされてきた。だが、1968年に日本の理化学研究所の掘越弘毅博士が分離用培地に炭酸ナトリウム（Na_2CO_3）を加えてpH10〜11で増殖を示すアルカリ菌を発見し、世界を驚かせた。

この菌はNa^+（ナトリウムイオン）が生育に不可欠なこと、強アルカリ性環境に耐えうるタンパク質や生体膜脂質を有し、その上、化学浸透圧形成能が特異であることなども明らかになった。この掘越博士の業績により、アルカリ菌の研究は、堰（せき）を切ったように一気に開花していった。

アルカリ菌は彼らの手によってさまざまな分野での応用にも成功した。アルカリアミラーゼ、アルカリプロテアーゼ、アルカリセルラーゼなどの酵素を発見、今では分離精製して胃腸薬への応用や洗剤への利用なども行われている。

医薬品への多大な貢献

特筆すべきことは、好アルカリ性アミラーゼが環状オリゴ糖「サイクロデキストリン」を大量につくる酵素を生産していることを発見し、サイクロデキストリンの大量生産まで用途開発していることである。サイクロデキストリンは医薬品や食品の変質防止に不可欠な物質で、幅広い用途がある。この研究によって、格安にサイクロデキストリンを生産できるようになっただけでなく、サイクロデキストリンを使って味や匂いを閉じ込められるカプセルの開発まで可能になった。

また、好アルカリ性菌による抗生物質分解酵素「ペニシリナーゼ」の分離、好アルカリ性菌での宿主ベクター系の確立など、これらの研究の社会的貢献は多大なものがあった。また、ユニークな研究として、三角形の形をした高度好塩細菌ハロアーキュラ・ジャポニカを初めて能登の塩田から分離し、微生物の形はどのような条件でつくり得られるのかについても研究している。

ともあれ、極限微生物に関するこれほど多くの劇的な研究を行った掘越博士には大河内賞、英国国際バイオテクノロジー協会ゴールドメダル、日本学士院賞、日本化学会名誉会員、国際極限生物学会名誉会長など多くの賞や栄誉が与えられ、一時はノーベル化学賞候補の一人とささやかれたこともあった。超能力微生物は、かくも大きな仕事をしてくれるのである。

　このアルカリ菌に関する掘越博士の、いまひとつの研究エピソードを紹介しておく。

　日本の伝統的染物に藍染（あいぞめ）がある。藍の色素成分インディゴは還元することによって水溶性のインディゴ・ホワイトになり、染料として使えるようになる。その還元の方法は化学薬品（亜鉛やハイドロサルファイトなど）を使うか、あるいは発酵法によるかの2通りがある。今は前者が多くなったが、昔はすべてが発酵法であった。

　しかし、この染料発酵の研究はこれまでほとんど行われておらず、謎が多かった。その理由は、染料液に灰汁（あくじる）を加えてｐＨ10〜12という強いアルカリ性環境をつくるためで、そんな環境で発酵する菌などいないというのが常識的考えであったからである。

　だが、掘越博士はすでに強アルカリ性環境で増殖する別の菌を発見していたので、藍染料液にも必ず発酵菌がいると推察した。そして実際、藍染料を入れた甕（かめ）や桶、藍玉、甕場などから、多くのアルカリ菌の分離に成功している。日本へ藍の栽培とその染料を醸す技術が中国から伝えられたのは飛鳥時代といわれている。それから今日まで約１３００年以上もわからなかった発酵のメカニズムを解明した浪漫は眩しい。

５．好酸性微生物

硫酸なみの強酸でも生きる

好アルカリ性微生物の対極にあるのが好酸性微生物である。

前述したように、一般的な微生物は微酸性のｐＨ５〜６を至適とする。だが、自分で多量の有機酸をつくる微生物——乳酸菌（乳酸）、酢酸菌（酢酸）、酪酸菌（酪酸）、黒麴菌（クエン酸）、クモノスカビ（フマール酸）など——は、その生産量に対応できるので、ｐＨ４ぐらいの領域までは生育できる。

なかでも黒麴菌は、著しいｐＨの低下でも細胞内酵素の阻害が顕著に少ないので、その耐酸性を利用して日本では泡盛（あわもり）などの本格焼酎の製造に利用されている（黒麴菌の超能力についてはのちほど詳述する）。また、黒麴菌の精製したクエン酸の溶液中で発酵を強いられる焼酎酵母や、酸っぱいブドウ果汁の中で発酵しなければならないワイン酵母なども、他の酵母に比べれば好酸性は強く、ｐＨ４・０付近までは旺盛に生育と発酵を続けることができる。

なお、誤解されるといけないので述べておくと、「抗酸菌」という細菌群に属する微生物もいる。結核菌を含むマイコバクテリウム属に入り、結核菌群、非結核性抗酸菌、らい菌群に分類される。しかし、この菌群は、有機酸を生産したり低pH環境下でも増殖するという菌ではなく、塩酸酸性アルコールに溶解した脱色素剤に抵抗性を示す性質を有することから名付けられたものであって、酸に抵抗性あるいは耐性を持つという意味ではない。

さて、前述した古細菌の一族にピクロフィルス属という微生物群がいる。この微生物こそ、これまで知られている中で最も好酸性の強い微生物である。1995年に北海道の火山噴気孔で発見され、その超能力ぶりに世界の微生物学者が驚愕した。この微生物は古細菌ピクロフィルス科ピクロフィルス属に属し、学名はピクロフィルス・スクレパーと命名された。

生育可能な水素イオン濃度指数はマイナスpH0・06。これは培養培地に1・2モル相当の濃硫酸を加えた状態に等しく、鉄でもアルミでもたちまち溶けてしまうレベルである。つまり驚くべき強酸下でも耐えられるスーパー能力を有した微生物ということになる。それまでは1970~72年にイエローストーン国立公園の火山付近から発見された古細菌であるサーモプラズマ・アシドフィラムが生育限界ｐＨ０・５という記録を持っていたが、それを大きく上回り、今でも地球上で最も耐酸性の強い生物とされている。

そのピクロフィルス・スクレパーの形状は１〜１・５μの球菌で、細胞表面には特殊な細胞壁（Ｓ層）というものが存在していて、他の菌とは明らかに異なっている。栄養摂取は高温下で有機窒素物などを吸収し、それを酸化して増殖しているということである。生育温度は45〜65℃で至適生育温度は60℃、生育ｐＨはマイナスｐＨ０・06〜３・５で至適ｐＨ０・７と報告されている。

泡盛の醪はなぜ熱帯でも腐らないのか？

日本の清酒造りや味噌、醤油、味醂、米酢造りなどに使われている黄麹菌アスペルギルス・オリゼーと、本格焼酎造りに使われている黒麹菌アスペルギルス・リュウキュウエンシスは共にわが国の国菌に定められている麹カビである。なかでも本格焼酎である泡盛造りに４００年も前から使われている黒麹菌は、沖縄（琉球地域）にしか生息しない珍しい菌のため、国際菌学会議は２０１４年にそれまでのアスペルギルス・アワモリに代えて「琉球」の名を入れたアスペルギルス・リュウキュウエンシスに統一した。

この菌の超能力は、驚くべき大量のクエン酸を生産することにある。その耐強酸性を利用して、昔から沖縄の人たちは銘酒「泡盛」を醸してきたのである。

泡盛をつくるには、まず原料米を洗浄してから水にひたし、水切りをした後、これを蒸して蒸米を造る。蒸米を35~38℃くらいにまで冷やしてから麴室（むろ）に入れ、リュウキュウエンシスの胞子を撒いて製麴すると、クエン酸を大量に含んだ黒麴が得られる。醪（もろみ）の仕込みは、大型の仕込みタンクに室から出してきた麴1000キログラムと水1400リットルを入れ、それに種醪（たねもろみ）（アルコール発酵が完了した蒸留直前の醪。この中には焼酎酵母が多量に生息している）を加える。そうして発酵させると、15~20日で醪の発酵と熟成は終わる（この時のアルコール分は18~19%）。最近は種醪の代わりに、焼酎酵母を純粋培養して添加する方法が圧倒的に多くなっている。

発酵を終了した醪は、蒸留器で蒸留され、得られた蒸留液を甕（かめ）又はタンクに入れて、3年以上貯蔵熟成させて完成である。

でき上がった黒麴を数粒、口に含んで食べてみると、梅干しとほぼ同じ程度の強い酸味が口中に広がる。その黒麴と水と種醪（あるいは培養した泡盛酵母）を加えると、アルコール発酵して醪になるが、それを嘗（な）めてみると、黒麴から多量のクエン酸が溶出してきた

図3　泡盛の製造工程

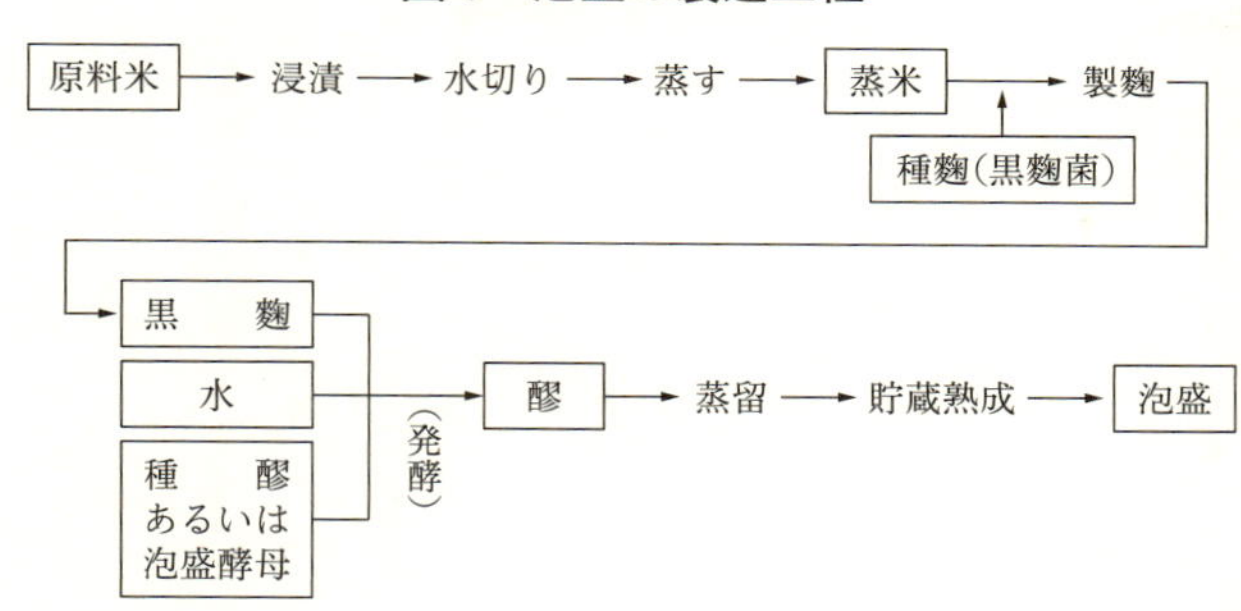

ためブルルと身が震えるほどの酸っぱさである。それもそのはずで、酸度（試料10ミリリットルを中和するのに要する0・1規定NaOHのミリリットル数）は20〜25ミリリットルにもなり、pHも3・1〜3・3（時には3・0を下まわることもある）という強い酸性状態を示す。

この強い酸性が、泡盛造りのポイントになる。なぜなら、自然界に生息していて空気中を浮遊している有害な腐敗菌は、pHが4・0以下になると増殖が困難となり、生育できないからだ。だから、沖縄のような常夏の気候でも、醪は腐敗菌の侵入がないので、安全にアルコール発酵が進むのである。その上、都合のいいことに、泡盛酵母はそんな低いpH領域でも純粋・健強に生育できる特性を持つので、雑菌侵入の心配もない。アルコール発酵を営む泡盛酵母だけを純粋に発酵させることができるのである。

さらに驚くことは、黒麹菌のみが有する糖化酵素の性質である。糖化酵素は、麹菌が蒸米で繁殖して米麹を造り上げていくときに、生体内で生産して米麹に置いていってくれる酵素である。この酵素の作用のために原料中の米デンプンが分解されてブドウ糖になり、そのブドウ糖に酵母が作用してアルコールが生産されるわけである。通常の麹菌の糖化酵素の作用は、pHによって影響を受け、pH3・5以下ではほとんど作用しない。ところが何と都合のいい話だろうか、黒麹菌の糖化酵素だけは、pH2・8になっても作用するのである。

このような、焼酎造りにとって願ってもないほど都合のよい性質を有する黒麹菌や泡盛用酵母は、長い焼酎製造の歴史の中において、日本人が選択し、応用してきたすばらしい知恵である。沖縄の泡盛はクエン酸を生産する黒麹菌を昔から使った（気候特性上、沖縄には黒麹菌が自然界に多く生育しているので、自然にそうなった）が、鹿児島県や宮崎県を中心とする日本本土の焼酎製造では日本酒用種麹である黄麹菌（クエン酸を生成しない）が使われていた。そのため、醪のpHは下がらず、腐敗も珍しくなかった。これではいけないと、明治40年（1907年）に沖縄の泡盛に使用している黒麹菌を導入したため、醪の安全性は一挙に高まり、品質の向上にもつながることになったのである。

このように、好酸性の麹菌や酵母は昔から現代まで、泡盛や他の本格焼酎などの製造に応用され、日本人の嗜好文化のひとつを醸し続けてきたのである。

6. 好塩微生物

塩湖でなくては生きていけない

一般の微生物の生死は浸透圧にも左右される。微生物は単細胞であるから、細胞内に生命を支える成分や器官があって、それを細胞膜、さらにその外側を細胞壁が包み込んで保護している。

細胞膜は半透膜となっている。そのため、外側に濃い溶液が存在するとき、溶質はその膜を通って細胞内に流れ込み、逆に細胞内の重要成分が外に溶出して死滅してしまう。塩漬けした食物が微生物によって腐敗しないのは、この原理によって溶媒中の食塩（塩化ナトリウム）が細胞内に入り、細胞内成分が外に流出してしまうからである。

海水は約3・5%の塩化ナトリウムを含むが、微生物のなかにはこの濃度でさえも生育できないものがある。だが、わが国の醬油の製造においては、17~20%という高い塩化ナトリウム濃度の浸透圧下でも、平然と発酵を行う醬油酵母サッカロマイセス・ルキシーや耐塩性の乳酸菌ペディオコッカス・ハロフィルスがいるから驚く。

だが、上には上がいるものだ。西アジアの地中海沿岸から100キロメートルほどの内陸にある塩湖、死海は、北半分はヨルダン、南半分はヨルダンとイスラエルに属していて、長さ81・6キロ、幅17・6キロ、最大深度399メートル、平均深度146メートル、湖面は地中海水面より397メートルも低く、地球上でもっとも低い湖である。北のヨルダン川から1日約650万トンの水が流入するが、降雨量はほとんどなく、その上、太陽からの日光照射が厳しいから水は絶えず蒸発しており、排水河川が全くないのに湖面の水位は常に一定に保たれているという珍しい湖である。この湖水には海水の約10倍に当たる35%もの塩分が含まれており、実際に舐めてみると舌が麻痺するほど苦くて塩辛い。

こんな環境にも耐塩性の微生物が生育しており、彼らの大切な繁殖の場となっている。面白いことに、彼らは塩分の濃度が薄いと全く生育できないほど、高塩分の環境に適応している。これらの高度好塩微生物たちは、エチオピアからアフリカ東岸に延びる地殻大断層に沿って生じる多くの塩水湖にも広く生息していて、そこを完全に占拠してしまっている。なかには、塩化ナトリウムと炭酸ナトリウムで飽和され、温度も非常に高くなっている「極限中の限界」といったところでなければ生育できないという強者もいるから驚嘆させられる。これらの高度好塩性菌は非常に古い歴史を持っており、しばしば岩塩のなかに赤斑点が見うけられるのは、数億年前の細菌の集落の遺物である。

なぜこのような高い塩分下で生育できるのかは、長い間、多くの微生物生態学者の研究テーマの一つであった。これまでの研究をまとめてみると、細胞壁に浸透圧防壁が存在することや、たとえ塩類が細胞内に入っても、高塩下でも活性を示す酵素が存在すること、菌体内外の塩濃度勾配を維持する能動輸送系の存在などがその理由として挙げられている。

醬油、味噌は好塩菌の賜物

さて、私たちの身近な生活に役立っている好塩菌もいる。日本の発酵調味料である味噌や醬油、魚醬などを醸すには、好塩菌が不可欠だからである。この3種の調味料はいずれも高い食塩濃度下で発酵させるので、それに耐えて増殖できる耐塩性を具備する微生物でなければならない。その環境に適応できるのが耐塩性酵母と耐塩性乳酸菌である。

醤油諸味（もろみ）発酵の場合は、15〜18%もの高濃度の食塩の存在下にある。したがって、その高い浸透圧の下で元気に発酵できる耐塩性をもつ強い酵母が必要である。一般に微生物は塩分に弱く、5%もあったらもう繁殖できない。塩の持つ浸透圧の作用で、微生物の細胞内の生理機能器官が外に出されてしまうからである。

ところが醤油の諸味の中に生育する酵母は、特殊な細胞壁と細胞膜を有しているため、その高い塩分でも浸透圧にくじけず生育できるのである。そのような性質を有する酵母はチゴサッカロマイセス・ルキシーで、この酵母は諸味の中で発酵し、エチルアルコールやさまざまな高級アルコールを生成して、醤油に味や香りを与えるのである。またキャンディダ・バーサチルスやキャンディダ・エチェルシーという耐塩性酵母も活躍して醤油に特有の発酵香を付けるのである。

また高塩濃度の醤油諸味の中にあって、活発に活動し、醤油に酸味（乳酸）を付与してくれるのが耐塩性乳酸菌のテトラジェノコッカス・ハロフィルスである。耐塩性の醤油酵母ととても呼吸（いき）の合った増殖関係を保っている。これらの耐塩性酵母や乳酸菌は醤油仕込（しこみ）蔵（ぐら）に家付き菌として棲息しているので、諸味を仕込むと自然と湧き付いてくるが、密閉型発酵タンクを使用している大型工場では、それらの菌をあらかじめ培養して添加している。

7. 耐圧微生物

深海の海底火山で大発見

深海は高圧下の状況に加えて低温であり、生育環境は大変厳しいが、ここにも低温好圧微生物の世界が広がっている。たとえば深海底から採取された耐圧菌シュードモナス・バシセテスは、1000気圧、3℃で生育条件が整い、徐々に増殖を開始する。

かつてはこのような菌の研究は大変に難しかった。1万メートルに近い深海に培地を落として数ヵ月間待ち、そこに生育する細菌を引き揚げてきても、地上に回収した微生物は水圧が抜けた環境では生育ができず、死滅してしまう。

しかし今は目を見張るほどのハイテク技術が応用されて、国立研究開発法人・海洋研究開発機構の調査艇「しんかい6500」は何と海底6500メートルまで到達でき、深海の水圧や水温と同じ条件を可能にする実験装置まで備えているため、今では超深海でのさまざまな生物の存在が明らかになってきた。水深6500メートルでの水圧は680気圧

（1気圧は1平方センチメートルに1キログラムの重量がかかること）なので、目にも見ることのできない微細な生きものである微生物は、本来ならばペチャンコに潰れてしまうのに、その圧力に耐えているのであるから凄い。

海洋研究開発機構が2015年7月に発表したプレスリリースによると、「ちきゅう」の探査により青森県八戸沖80キロメートル地点（海底1180〜2466メートル）で採取された2000万年以上前の地層堆積物から、陸性微生物生態系に類似する固有の微生物群を発見したという。これらの微生物は、光もなく栄養分の乏しい環境の中で、摂取してもエネルギー効率の少ない炭化水素を吸収し、高圧下でもゆっくりと新陳代謝を行っているということである。

イギリスの著名な科学誌『ネイチャー』（第463巻・2010年2月）に、とても興味深い記事が掲載された。デンマークのオールフス沖の海底で得られた堆積物試料を研究したところ、堆積物の表面（栄養分と酸素がある）とその下（栄養分と酸素が乏しい）に生息する微生物たちは、水圧に耐えながら、互いに「微生物ナノワイヤー」（電子伝達仲介物質）という細胞外電子伝達を行って分業し合い、群集全体の細胞をまかなうのに十分な酸素と栄養の確保をしているという。

海底の深いところに多くいる微生物は、共通して耐圧性を持ち、冷温にも強い。『米国科学アカデミー紀要』（ＰＮＡＳ・オンライン版）には、海底に存在している微生物のメタゲノム解析をしたところ、地球の地表や海洋にいるものとは遺伝的に異なることが発見されたという報告が掲載されたが、これも古細菌の一群なのかも知れない。

また、ペンシルベニア州立大学研究チームが海底から発見した微生物は古細菌で、顕微鏡で見ただけでは一般細菌のように思われるが、動いたり食べ物を摂取したりはせず、明らかに異なるという。たとえば代表的な一般細菌である大腸菌の場合、30分で増殖して数が倍増するが、この海底古細菌は、倍に増えるまで数百年、数千年かかる可能性があるという。

また水深49メートル以上になると、存在する微生物の90％が古細菌であるという。このように古細菌は超圧力に耐えたり、低温環境に耐えたり、特殊な電子信号を出したり、化学物質を生合成したりする未知の遺伝子を宿しているのであるから、今後の研究次第では、海底は人間にとっても宝の山のような場所かも知れない。

ともあれ、深海という高圧力のかかる環境に微生物はどのように耐えているのだろうか。最も可能性が高いと考えられているのは、圧力耐性とタンパク質構造の関係、すなわち

「耐圧性タンパク質」の存在である。この仮説に関しては、多くの研究者が解明に当たってきたが、構造的な特徴が圧力耐性に関係しているかどうかはいまだ解明されていない。しかし最近の研究では、大気圧下における大腸菌のタンパク質構造と、琉球海溝深度5110メートルの深海底泥中から得られたシュワネラ・ビオラセアのそれとは、構造に相違が見られたとの報告もあり、注目されている。

いずれにしても、深海の環境は高圧の上に低温、貧栄養で有機物は欠乏し、反対に火山性ガス（硫化水素、二酸化硫黄、二酸化炭素）が吹き出すところでは水圧は高いが高温で海水溶存ミネラル（ナトリウム、マグネシウム、カリウム、リン、マンガン、銅、ニッケル、鉄、クロール、亜鉛など）が多く栄養も高い。まさに深海では地球の誕生から微生物の出現に至る約10億年間によく似た環境が、今もって再現されているのである。だからこそ、そのような過酷な所でも古細菌は生きてこられたのであろう。

8. 貧栄養環境微生物

ジェット機よりも高く飛ぶ

インド宇宙研究機関（ＩＳＲＯ）は２００９年、気球を使って地上20キロメートルから41キロメートルの成層圏内で微生物を採取したところ、12種のバクテリアと６種類のカビ類が発見されたと発表した。

成層圏にはオゾン層があり、太陽から放射された紫外線がそこで吸収されるので、地球上には降ってこない。つまり、採取された微生物は、成層圏の高い紫外線量の中で生きていることになり、よほど特殊な進化を遂げてきたものと思われる。

というのも、紫外線（波長10～４００ｎｍ（ナノメーター））は極めて殺菌効果が強い不可視光線の電磁波だからだ。紫外線は菌体細胞内にあるＤＮＡに吸収され、タンパク質分解などに至る光化学反応を引き起こすため、微生物は死滅に至る。ＤＮＡは紫外線の波長２６０ｎｍ付近に吸収帯を持っているので、その付近の波長を持つ紫外線に当たれば、死滅効果は極めて高くなる。その殺菌効果は甚だ強く、日常の紫外線殺菌灯での殺菌力試験（15ワット、50センチメートルからの距離で照射、殺菌線放射照度１・５Ｗ／m^2、２５３・７ｎｍ）では、大腸菌、腸チフス菌、赤痢菌、ブドウ状球菌、枯草菌、結核菌はいずれも60秒の照射で99％死滅、90秒で１００％死滅するという結果が出ている。

これらのことから、ISROが発見した菌は紫外線に強い耐性を持っていることになるが、その後、詳しい生態については発表されていない。栄養の摂取はどうしているのか、増殖はどういう形をとっているのか、興味深いところである。

一方、地表から高度11キロメートルまでの大気の層を対流圏という。その対流圏の最高地点の10〜11キロメートル周辺には、地表から巻き上げられた埃や塵などを核にした雲状の浮遊物が形成され、それが雨や雪のときに水に混じって降り注いでくる。その中に細菌などの微生物が存在することも、すでに多くの研究により発表されている。

最も有名なのは2010年にアメリカ航空宇宙局（NASA）の「熱帯低気圧による大気の影響調査」（GRIP：Genesis and Rapid Intensification Processes）の一環として行った、大気からの微生物の採取調査である。それはとても大掛かりなもので、ダグラス・エアクラフト社製のジェット機DC-8に捕集用のフィルターを取り付け、熱帯性低気圧発生時に地上と海上を飛行させて、大気中に漂う微生物を捕えたのである。

その結果、対流圏中には非常に多くの多種多様な微生物が存在していて、中でも興味深いことは、海上の対流圏には海に生息する微生物が、陸上の対流圏には陸生微生物が多く見つかったことであった。また、対流圏中の微生物の組成（ミクロフローラ）は台風や低気圧の移動により大きく影響されることもわかったということである。その他の多くの研究でも、対流圏と成層圏の境界である地上10〜11キロメートル周辺には多くの微生物が多種類にわたって存在していることがわかっている。

では一体、彼らは何を栄養源、あるいはエネルギー源として生育しているのであろうか。それについて筆者は、2つの微生物群に分けて考える必要があると考えている。

まず、地上から上昇気流あるいは風によって舞い上って行った海性もしくは陸性の微生物は、上空というまったく異なった環境に適応することはできず、ただ漂い、浮遊しているだけで、増殖も栄養摂取もしていないという「塵菌（ちりきん）」状態、これすなわち「塵菌群」。

もう一方は、対流圏を棲息の場として、生涯そこで栄養摂取し、そして増殖・繁殖を繰り返す大気棲息状態、これすなわち「大空（おおぞら）菌群」の2群（いずれも筆者の命名）である。

「塵菌群」はそのうち一世代を終えるのだが、「大空菌群」は栄養の乏しい過酷な環境の中で生きて行かねばならない。そのために長い時間をかけて変異し、進化してさまざまな大気中浮遊物を食べることのできる能力を獲得したのであろう。

何億年も前は火山噴出ガスが大気中に放出され、それに含まれる二酸化硫黄、水素ガス、一酸化及び二酸化炭素、硫化水素などを、また地球規模の森林火山で放出された煙に由来する煤成分のうち炭化水素類、酸化硫黄、酸化銅などのエアロゾル成分、さらには地球生命体（動物、植物、微生物など）の死骸や腐朽体からの放出物質などを菌体に取り込んでエネルギー源に使ってきたと思われる。

そして近世以降、人間は地球のあちこちで産業を起こし、工場を起動させ、機械を動かし、発電をし、石炭、石油（ガソリンや重油など）といった化石燃料をどんどん使った。するとと大量の排気ガスが大気中に放出され、その成分は夥しい量となって対流圏で浮遊しはじめた。メタン、エチレン、ベンゼン、トルエン、プロピレン、炭化水素、多環芳香族炭化水素、アルデヒドやケトン、窒素酸化物（一酸化窒素、二酸化窒素、硝酸塩化物）、硫黄酸化物（二酸化硫黄）、光化学オキシダント（オゾン、ペルオキシアシルナイトレート）、一酸化炭素、ポリ塩化ビフェニール（ダイオキシン類）、フッ化物、二酸化炭素、ディーゼル排気微粒子、粉塵、埃、煤、粒子状物質ＰＭ……これらが対流圏に濃い密度でばら撒かれた。それを「大空菌群」は選り好みしながら、好きなものを菌体内に取り込み、それをエネルギー源に替えて増殖、繁殖しているのだと思われる。

９．石油分解微生物

原油流出事故からの発見

大型船が沈没したり座礁したりすると、海岸は流出してきた燃料で広範囲に汚染されることがある。汚染を取り除くためにさまざまな石油分解化学剤を撒くことになるが、その分解剤の拡散がさらに二次汚染につながったり、岩や石の間の隅々にまで届かなかったり、莫大な費用がかかったりと、問題点は多い。

そのため、こうした問題を解決しうる方法あるいは可能性として、石油分解微生物の検索が始まった。以前からこの研究はいくつかの研究機関で散発的に行われてきて、石油を菌体内に取り込んで分解する微生物の存在は知られていた。石油の成分はほとんどが炭化水素（炭素と水素が結合したもの）であり、ごく微量の硫黄化合物、窒素化合物、金属類が含まれている程度の乏しい栄養状態である。微生物はよく石油を資化（栄養素として菌体内に摂り込む）するように進化したものだと感心させられる。

その後、この類の研究は飛躍的に進んで、石油を資化する微生物は、それを炭素源としてエネルギー源に利用していること、細菌ではシュードモナス属、アシネトバクター属、ロッドコッカス属、菌類では不完全酵母のキャンディダ属とロドトルラ属が主要菌となっている。また、将来の有望菌として、アルカニボラックスの細菌が注目されている。この菌は世界中の海に生息し、アルカン（パラフィン1）を分解することを特徴としていて、石油濃度が高い所ほど、この菌の集積密度が高くなる傾向が見られている。

ある研究によると、海水中には1ミリリットル中に10^6（100万）個の細菌が存在しており、そのうちの100個（1万分の1）が石油分解菌だと報告されている。この程度の数であるならば、海水に含まれている石油分解微生物だけで自然浄化を期待するには相当の時間を要することになるので、有望菌の大量培養とその撒布が早期の浄化を可能にすると思われる。

石油は水となじみにくい疎水性である。そのため、微生物が石油を細胞内に取り込むことは物理化学的にかなり難しい。石油分解菌が一体どのようにして石油を取り込んでいるのかのメカニズムについては、①水に溶けている石油成分の一部だけを取り込んでいる、②微生物が進化の過程で自ら界面活性剤のような親水性物質をつくって乳化（エマルジョン化）して取り込むことに成功した、③疎水性を起こしている物質の表面に付着してそれを分解して取り込む、などの可能性が考えられていた。

ところがその後の研究で、石油分解微生物が②の方法をとっていることがわかってきた。すなわち、バイオサーファクタントという界面活性剤のような物質をつくり、これで炭化水素を乳化し、それをさらに微粒子にして水中に分散し、取り込むというのである。

そのバイオサーファクタントをつくる微生物は酵母や細菌に多く見られるが、そのなかでも特に注目されているのがシュードモナス・エルギノーサで、この微生物はn-アルカン分解力の強いことから注目され、研究されてわかったという。バイオサーファクタントは、現在使用されている人工的に合成された界面活性剤（一般的には台所洗剤をイメージしてほしい）よりも生物学的毒性が弱い上に、他の微生物による生分解性が高いので、この物質に注目が集まっている。

石油分解微生物は、炭素と水素の結合のみでできた炭化水素を生育に不可欠必須の炭素源とし、そこからエネルギーを得て増殖する。微生物が生きていくためには最低限炭素が必要で、ほかに窒素や硫黄、リンなどのミネラル栄養源も必要なのだが、石油は炭化水素の他にそれらのミネラルも微量ながら含んでいるので、エネルギー源になるのである。このような限界環境に生きる微生物は、気の遠くなるような長い間、石油を取り込むための進化を繰り返し、遺伝情報を変異させながら、ついに石油を食べて生きて行ける超能力菌体に変身し、今日まで生き続けてきたのである。

もっとも、石油を分解できる微生物は自然界にいるものの、石油が疎水性であるという物理的理由によって、多くの分量をいっぺんに分解してくれることを期待できないのも現状である。しかし、人間が意図的に石油を菌体内に取り込みやすい形にしてやれば話は別である。それには石油に界面活性剤を加えて乳化状態にしてやればよい。そうすれば石油の一部は親水性となり、微生物は菌体内に取り込みやすくなる。現に、石油や重油で海洋や沿岸が汚染された地点に、界面活性剤を撒いて除染するとき、多くの石油資化微生物はそこに集まってきて石油を取り込み始めることが報告されている。

石油タンパク質化計画

この性質や技法を参考にして、画期的研究が大規模に行われた。代表的なのは将来の世界人口の爆発的増加に伴う食糧確保の一環として進められた「石油タンパク質化計画」である。1960年代、わが国やイギリス、アメリカ、東欧諸国などで研究が始まり、大きな期待が寄せられた。

　その計画は、石油を資化する微生物に石油精製時の副産物であるノルマルパラフィンを食べさせて菌体を増殖させ、その菌体から微生物タンパク質を取り出し、それを家畜の飼料や魚の養殖の飼料にしようとするものであった。方法は、炭素源にノルマルパラフィンを使い、それに界面活性剤を加えて乳化し、窒素源やミネラルなどの栄養源を加えてから、そこに「石油酵母」を添加して無菌空気を送り込み培養するというものである。「石油酵母」とは、一般の微生物より菌体内にタンパク質を多く内蔵するキャンディダ・リポリチカ、キャンディダ・トロピカリスなどの酵母で、これらの酵母には菌体内に50〜55％ものタンパク質が含まれている。

　この研究は飛躍的に進展し、多くの国々で大型タンクによる石油酵母の大量生産が始まった。たとえばアメリカでは、タンパク質63〜75％、脂質10〜15％、灰分6〜12％という、驚くべき栄養価の高い乾燥酵母菌体を得て、それを単細胞タンパク質ＳＣＰ（Single cell Protein）と名付け、家畜飼料の一部としての研究も始められた。

　ところが、大きな可能性を秘めたこの計画は突如として大きな問題に直面し、世界中で頓挫してしまった。それは、得られた石油タンパク質からベンツピレンという猛毒が検出されたからである。ベンツピレンは発ガン性、変異原性、催奇形性を強力かつ早期に発症させ、国際ガン研究機関（IARC）が発表する発ガン性リスク一覧でグループ1に分類される極めて危険なものである。このベンツピレンは石油（ノルマルパラフィン）に極めて微量含まれていて、それを石油酵母が取り込んだため、SCPに入ってきたのである。もし、得られた石油タンパク質を家畜や魚の飼料にした場合、それを食べた動物体内にベンツピレンが蓄積し、それを人間が食べるとガンの発症につながるという食物連鎖が起こってしまう。ベンツピレンは石油には宿命的にごく微量存在する成分なので、これにはどうにも対処する術はなく、すべての国々がこの計画からの撤退を余儀なくされたのである。

10. 放射線耐性微生物

強力な放射能を浴びても死なない

微生物は、放射線透過力の強い放射線を浴びると、DNA本体を損傷したり、DNA鎖を切断したりして死滅する。強烈なエネルギーをもつ電子（β線（ベータ））や電磁波（γ線（ガンマ））によってＤＮＡがバラバラに切断されて生命核が失われるためである。したがってこの原理を応用すれば、温度を上げずに十分な殺菌効果が得られるので、日本以外の国々では、さまざまな食品への放射線殺菌を実用化しているところもある。

そのような強い殺傷力を持つ放射線であるにもかかわらず、それに耐性を持つ微生物が存在するのだから、本当に微生物の世界は摩訶不思議である。ここまでくると、まさに超能力である。

その超能力を有する代表的な菌はデイノコッカス・ラディオデュランスで、この菌の学名は「放射線に耐える奇妙な果実」を意味するラテン語である。１９５６年にアメリカ・オレゴン州の農業試験場で発見されたのだが、その発見の経緯も興味深い。

当時、試験場では缶詰の保存実験をしており、牛肉の缶詰にガンマ線を照射して滅菌していた。ところが、そのうち幾つかの缶が膨らんできた。これは缶詰のなかに生存菌がいることが予測された。そこで慎重に分離を試みたところ、やはり生きた菌が検出され、その菌には強い放射線耐性のあることがわかり、世界を驚かせたのだ。

その後の研究で、もっと驚くべきことがわかった。この菌は放射線に強いだけでなく、非常に乾燥した場所や、低温、真空、欠乏栄養環境などの超限界生育環境にも耐えることがわかり、「世界で最もタフなバクテリア」として、ギネスブックにも認定されたのである。人間は放射線10グレイ（Ｇｙ）を被曝すると死に至り、大腸菌は60グレイで死滅するが、デイノコッカス・ラディオデュランスは５０００グレイでも死滅せず、１万５０００グレイでも37％生育している。

損傷したゲノムをすばやく複製

放射線を浴びても死滅せず、増殖が可能であるのは、損傷したＤＮＡを早急に修復する機能を持っているからである。この菌は、放射線照射によって損傷したＤＮＡを早急に修復する機能のひとつとして、損傷したゲノムの部位を損傷していない別のゲノムの部位から移動させ、そこに入れて複製するという、あたかも傷ついた伝統工芸品を巧みに修復する熟練職人のようなことをするのである。

その後、南アメリカ、チリのアタカマ砂漠の土中から発見されたデイノコッカス・ペラリデリトリスにも同様に放射線耐性があることがわかったほか、さまざまな極限環境への耐性を持つことが知られている。

そして２００３年に中国・新疆ウイグル自治区で発見された古細菌テルモコックス・ガ

ンマトレランスは、何と5000グレイの照射と3万グレイまでのガンマ線に耐えることができ、デイノコッカス・ラディオデュランスよりも強いことがわかった。さらにその後に発見された放線菌ルブロバクテル・ラディオトレランスはもっと強く、1万グレイのガンマ線に耐え、1万6000グレイの照射でも30％以上も生存するという驚くべきものであることがわかった。こうした放射線耐性菌は、今後もさらに分離されていくであろう。このような菌の特性を生かして、放射能で汚染された土地を将来浄化するような応用が叶えられれば嬉しいことである。

11．鉱物酸化微生物

微生物が鉱物資源を探してくれる

微生物は生きるためにわずかなエネルギーでも得ようと、実にさまざまなところに生活している。これから述べる微生物は無機物、たとえば鉄や銅、硫黄などに付着し、それらの金属を酸化してエネルギーを得ている。賢い人間は、その微生物の特性を見逃さず、なんと金属を純粋に取り出して精錬することを実用化してきた。これはバクテリア・リーチング（bacteria leaching）と呼ばれ、今後発展が期待される微生物を応用した手法のひとつである。

銅含有量が1％以下の低品位の銅鉱石から金属銅だけを純粋に得ようとすれば、通常の精錬法ではコストが引き合わない。だが、これを細菌の力で行えば、十分に採算が合うことになる。

たとえば、硫化銅鉱物である黄銅鉱（$CuFeS_2$）から銅を得るには、まず硫酸第二鉄（$Fe_2(SO_4)_3$）の浸出液が必要である。ところがこれは、鉄酸化細菌（錆びた鉄から分離した細菌）であるチオバチルス・フェロオキシダンスによって、銅鉱床に含まれる硫酸第一鉄（$FeSO_4$）を酸化して得ることができる（$FeSO_4 \rightarrow Fe_2(SO_4)_3$）。こうして硫酸第二鉄ができると、黄銅鉱は次式の反応によって硫酸銅（$CuSO_4$）を生成する。

$$CuFeS_2 + 2Fe_2(SO_4)_3 + 2H_2O + 3O_2 \rightarrow CuSO_4 + 5FeSO_4 + 2H_2SO_4$$

ここに生じた硫酸銅に鉄（Ｆｅ）を作用させ、

$$CuSO_4 + Fe \rightarrow FeSO_4 + Cu\downarrow$$

として、銅（Ｃｕ）を遊離沈澱させて回収するわけである。

銅鉱以外にも、バクテリア・リーチングが実際に応用されている一例としては、ウラン鉱がある。たとえばウランを多く含む人形石からウランを浸出するには、銅の場合と同じく$Fe_2(SO_4)_3$が必要であるため、チオバチルス・フェロオキシダンスによって$FeSO_4 \rightarrow Fe_2(SO_4)_3$の酸化を行い、それをウラン分別に利用している。

最近では、採掘された鉱石に対してバクテリア・リーチングを実施する以外に、坑内に取り残された低品位残鉱や未採掘鉱床にもこの発酵法が実施されている。また、最も注目されるものとして、将来は、鉱石を採掘せずに鉱山の内部で鉱石を粉砕して、その部分にバクテリア・リーチングに必要な細菌を注入し、浸出された金属塩溶液を汲み上げて取り出そうという構想もあるという。

一方、このような金属を酸化する性質を利用して、微生物による無毒化も可能となってきた。たとえば六価クロムは強い酸化力を有し、人や動物に対して毒性を持っている。これが自然界に流出したり土壌に残存したりすると、地下水などを介して人体に入る。すると皮膚炎や粘膜の炎症、鼻中隔穿孔（せんこう）、肺ガンなどの発生頻度が極めて高くなり、社会的問題ともなってくる。ところが、この六価クロムを還元すると無害の三価クロムになるので、その原理を使って無毒化しようとするものである。

微生物には酸化力が強いものばかりではなく、逆に還元する力を強く持っているものも少なくない。そこで研究が開始され、幾つかの研究機関が六価クロムを還元して三価クロムに変換する細菌の分離に成功した。さらに変換で得られた三価クロムは、比較的簡単に水に不溶性の水酸化クロムに変換できるので、六価クロムの微生物処理が可能となってきたのである。

12. 微生物（酵母）を溶かす微生物（細菌）

独立行政法人・酒類総合研究所理事長の後藤奈美博士らは、酵母処理槽に連結した食品

図4　酵母を溶かしはじめた細菌

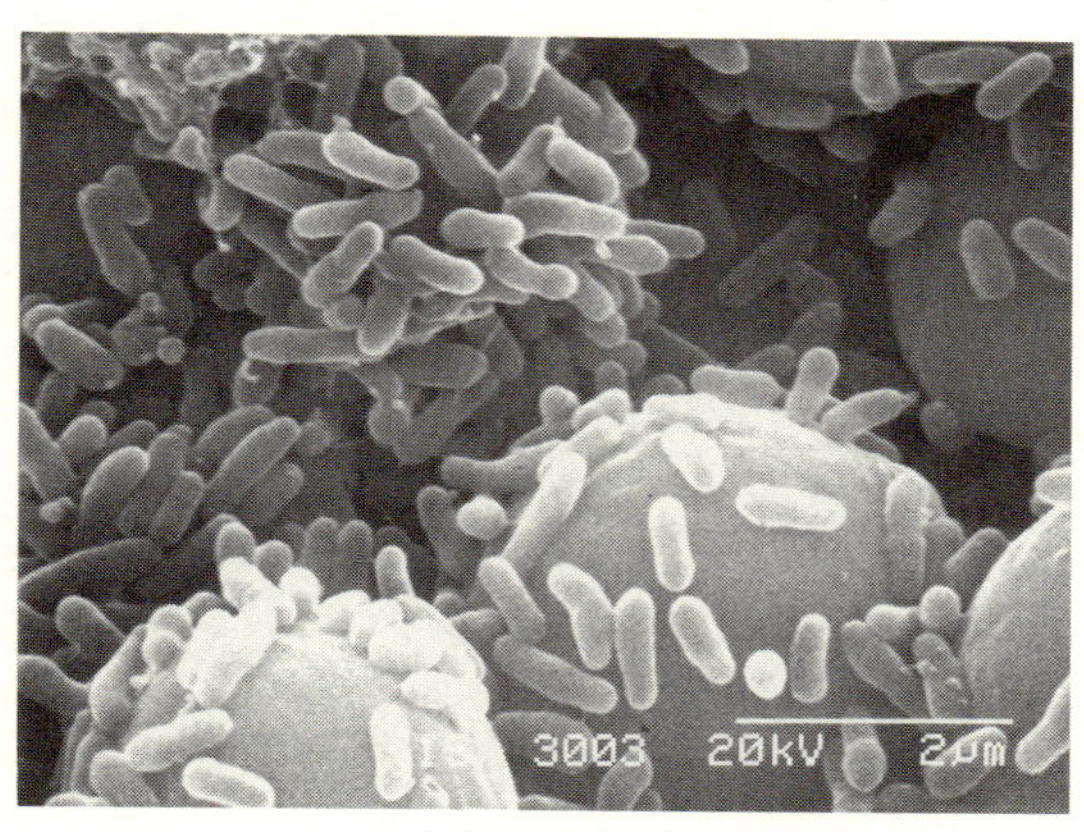

（酒類総合研究所・後藤奈美理事長提供）

工場廃水の活性汚泥槽から、酵母を溶解してしまう細菌を発見した。食品製造会社の廃水にはデンプンやタンパク質、脂質その他の栄養源が豊かに存在しているので、まずそれらを大食漢の酵母に食べさせた（資化）後、次にそれを活性汚泥槽に導いて食べ残しの分を菌群に資化させる方法で処理していたときに発見したものである。

この細菌は、ラロバクター・フェシタビダスと同定されたもので、活性汚泥中で酵母菌体にこの菌が付着して酵母の凝集体を形成する。その後、細菌の分泌した酵素によって酵母細胞壁が溶解されて酵母は溶かされてしまうのである。その細胞壁溶解酵素は、2種類のタンパク質分解酵素と1種類のβ-1、3-

グルカナーゼからなる。

目にも見えないこのような微生物の世界でも、種属の維持を守るため喰いつ喰われつの厳しい戦いがあることを思うと、とても感動的である。

第3章　「発酵」にみる超能力微生物の底力

1. 種麹づくり

雑菌の繁殖を抑える知恵

昔から日本酒造りには「一麹二酛三醪」(酒造りにおいて一番大切なのが麹で、次に酒のもととなる酒母、その次は発酵を主とするもろみであるという喩え)といわれるほど麹は酒造りにおいて最も大切な部分とされ、今でもこの考え方が守られ続けている。

うまい酒を造るには、どうしても良い麹をつくる必要がある。すでに室町時代には麹の種(正確にいうと麹カビの胞子)を専門に製造し、これを商なう種麹屋が実在していた。造り酒屋は種麹屋から買ってきた種麹を蒸した米にふりかけて、温度を30~35℃に保つことにより、2日後に特有の甘い芳香を放つ米麹が出来上がる。ここで使用する種麹が、良い麹がつくれるかどうかのカギを握る。種麹が不純であったり、繁殖力が弱かったりすると、目的の麹カビの繁殖が鈍り、糖化のための酵素力が弱かったりして満足な麹は得られない。したがって酒は劣等なものとなってしまう。

さて、昔の種麹づくりは今日のように殺菌剤や無菌室などがあったわけではなく、まして微生物学的知識も皆無であったから、大変な苦労があったものと思われる。

ところが、我が日本人の知恵はまさに驚くべきもので、この難しい種麹の製造に、木灰を使用することだけでこの問題を見事に解決しているのである。しかも古文書によると、種麹の製造に木灰を使用したのはすでに種麹屋が商いをはじめた室町時代前期からであるから、まさに驚かざるを得ない。

この木灰使用の理論は現代の微生物学的見地から考えると実に巧妙な方法である。すでに述べた通り、ほとんどの微生物はｐＨがアルカリ側になると増殖出来なくなる。その生理を逆手に利用して、強アルカリ性である木灰を用いることにより、原料の蒸米をアルカリ性に保ち、空気中や蓆（むしろ）などに棲息しているアルカリ性環境を嫌う有害微生物群の侵入や繁殖を抑えることができるのである。つまり、ほとんどの雑菌に対して木灰を殺菌剤として使ったのである。

雑菌がアルカリ環境には耐応できず生育が抑えられるのに対し、麹菌は強い耐アルカリ性を有しているので、そこで優位に増殖することができる。したがって麹菌単独による純粋な米麹が得られ、美味しい日本酒が出来るのである。そのため室町時代から今日に至っ

図5　種麹の製造工程

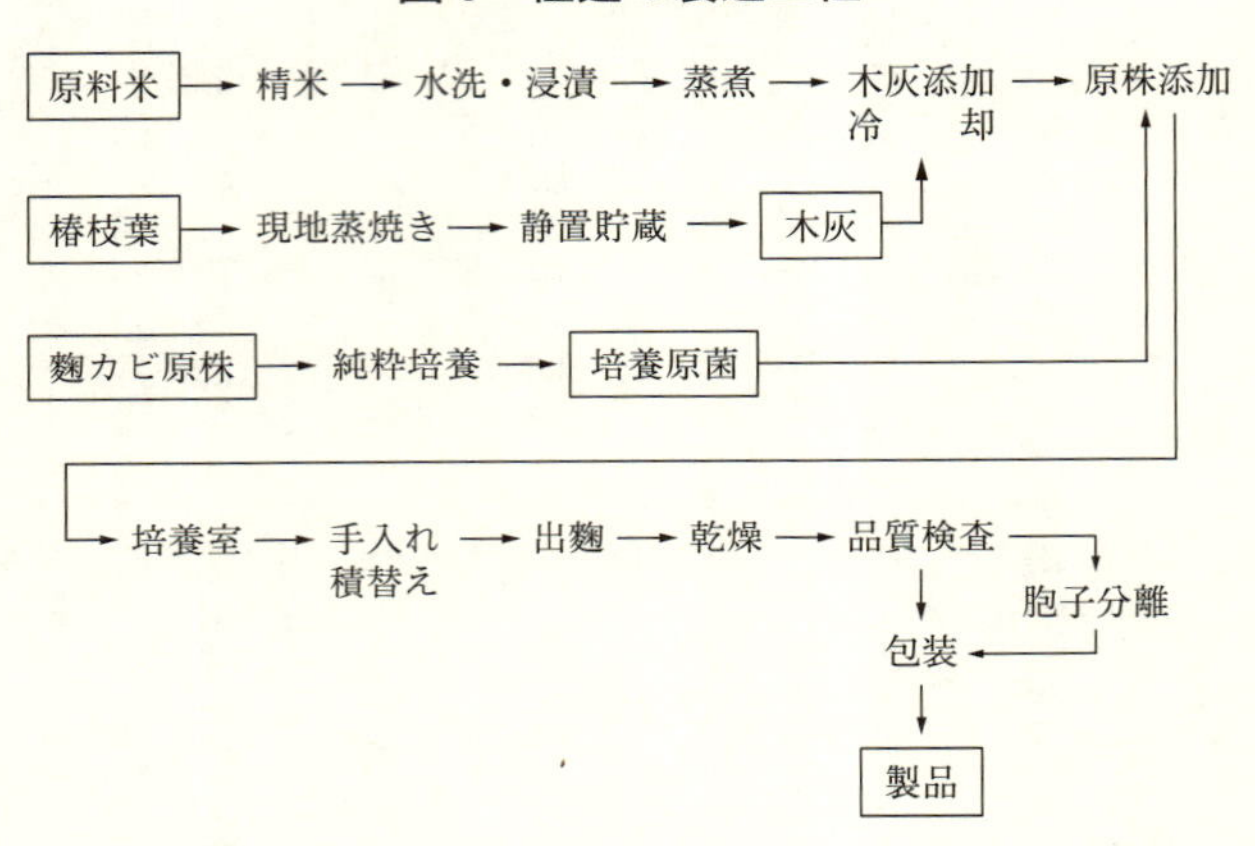

ても、種麹の製造には木灰を使い続けて、優れた日本酒を醸してきたのである。

　人類が微生物を初めて発見したのは、オランダ人のレーウェンフックが顕微鏡を発明した1673年のことである。とすると、それよりも300年以上も前に、日本人は木灰を用いたアルカリの力で、雑菌の侵入を防ぎ、目的の麹菌だけを純粋に培養し、立派な酒造りをしていたのであるから驚嘆する。このことは、人類史上初めて日本人の種麹屋が微生物の純粋分離培養法を行ったことになる。しかも、その麹の種（スターター）を造り酒屋や味噌・醤油屋に売っていた事実は、これまた史上初の菌を売る商売、すなわちバイオテクノロジー産業の発祥と考えてよいのである。

2. 染料の発酵と皮鞣し

藍は強アルカリより出ずる

日本における染色の始まりは古代にまで遡る。はじめは原始的な染め方であったろうが、奈良時代や平安時代にはすでに藍(あい)の栽培がおこなわれていたという。平安時代末期から室町時代初期には、種麹をつくるために、アルカリ環境設定の目的で木灰を加えていた事実を考えると、この染料づくりあるいは染色のために木灰を使ってアルカリ菌を誘導していたことは十分に考えられる。

久留米絣での藍染は著名なものだが、ここでの純正藍染の技法にも発酵は重要な働きを担っている。材料は藍、水、木灰(今はソーダ灰が多い)、水飴、貝灰で、まず適量の沸かした水にそれらの材料を入れ、一晩桶のなかで寝かせる。その間、4、5回攪拌し、翌日深さ約180センチメートルの藍甕(あいがめ)に移し、その後毎日1~2回攪拌して30℃で15日間ほど発酵させる。発酵期間中、液の表面は発酵のために泡立っており、この時の管理が不十分であると発酵が緩慢になって色の調和がくずれるから、こういう場合は他の甕で盛んに発酵している元気のよいものを少し加える。発酵液中のpHは9〜10で、非常に高いアルカリ性である。このpH領域に生育できる菌のみが発酵を司る。

こうして出来上がった発酵染液に、あらかじめ水に浸してひとまとめにした糸を浸しては絞ることを繰り返す。大体12本の甕を用意し、色の薄いものから順次濃い方に染め移る。藍は空気にふれることにより見事な青藍に染まるから、絞るごとに床に叩きつけて繊維のなかまでよく空気を通し、染め上がりをよくする。この染色、絞り、叩きの工程を約30回繰り返すと、あの神秘的な深い紺色の糸が染め上がる。発酵を司る微生物はその大半が細菌で、クロストリジウム属が多いという報告もある。

徳島県の阿波藍の原料は蓼藍である。蓼藍の乾燥葉に水を加えて堆積し、時々切返しをしながら2〜3ヵ月間発酵させて蒅をつくる。これを搗き固めたものが藍玉で、これに木灰、石灰、麩(小麦の外皮)などを加えて強いアルカリ下でも生育できる菌のみで再び発酵させると、染色用の藍汁ができる。木灰や石灰を加えて強アルカリ性にし、そのpH下での発酵でしか美しい色彩を醸し出し得ない藍を、その過酷なアルカリにのみ適応した菌だけで発酵させるという、大昔からの技術にはつくづく感心させられる。

皮鞣しにも微生物の働きが

動物の皮を原料として製した革製品は、今日ではいつでも手に入るものだが、昔は大変な高級品であった。革を工作して製品に加工する前に、下拵えとしてさまざまな鞣し方があったが、なかでも発酵による皮鞣はしばしば行われた方法であった。実はこれもアルカリ耐性菌の活躍がないと出来ないものである。

まず原料の皮を数日間水に漬け、次に石灰水に再び数日間漬けた後、毛皮表面を鈍刀で掻き削り、さらに皮の裏面も掻く。次に石灰戻しと称して、皮に吸収された石灰分を適度に除去してから泥状溶液に漬け込み発酵させる。この泥液は麩、米糠、鶏糞を混ぜ合わせて発酵させるもので、表面に泡を立てながら強い発酵が進む。この液に3日ほど漬け込んで発酵処理した後、この泥を水で洗い流してからタンニン液に浸漬し、加工用皮革とする。発酵処理した皮は材質のキメが非常によくなり、加工もしやすくなる。

3．タンニン耐性微生物による「柿渋」の製造

伝統工芸の必需品

柿渋(かきしぶ)は、中世以降の庶民生活において、欠くことのできない必需品であった。そのため近世には、江戸、京、大坂などといった人口の集中する都市には渋問屋が立ち、また山城(やましろ)（京都府南部）、美濃（岐阜県南部）、備後(びんご)（広島県東部）など全国各地に産地も形成された。1697年の『農業全書』、1859年の『広益国産考』などには柿渋の効用や製法が詳解されている。

渋(しぶ)とは一般にタンニン質のことをいう。柿の渋の主成分はシブオールというタンニンの一種で、これを微生物で発酵させて繊維質（布、紙、木など）に塗布すると、シブオールによる収斂(しゅうれん)が起こり防水性を持たせることができる上、防腐性も与えるから、傘(かさ)、団扇(うちわ)、板塀(いたべい)などに塗られて天然塗料となる。また第二鉄塩と結合して青または黒みを呈するため染料としても利用され、さらに日本酒の清澄剤としても重宝された。

柿の実が最も渋みの強くなる8月中旬頃から、原料の柿の実が集められる。収穫した丸いままの原料柿を玉渋と呼び、これを採取した後、そのまま放置しておくと質の良くない渋が出来るので、収穫したその日のうちに仕込みを行う。

さて、問題はそこからである。実はタンニンはお茶などに含まれている植物由来の物質で、タンパク質やアルカロイド、金属イオンと強く結合し、難溶解性の塩を形成する化合物の総称である。多数のフェノール性ヒドロキシ基を持つ複雑な物質で、微生物はほとんど資化できない。何せタンパク質と結合してしまう上に、防菌性を有するフェノールも含んでいるためである。

そのタンニンを発酵する微生物は、タンニン分解酵素（タンナーゼ）を必須に具備していなければならず、このような菌はなかなかいない。

シブオールは、タンニンの代表的な化合物で、柿の渋味はこれによる。このシブオールを分解して発酵させる菌がいると柿渋になるのだが、そう簡単にはいかない。ところが10世紀の文献にはすでに記述があり、当時の下級武士が着ていた「柿衣（かきそ）」は柿渋を塗ったものである。そんな大昔から、過酷なタンニンに耐えて発酵する微生物を利用し、庶民の必需品を醸し上げていたことには驚きを禁じえない。

その造り方を見てみよう。まず玉渋を砕き（昔は臼と杵で搗いたが昭和10年頃より破砕機が導入された）、この砕かれた玉渋を「もろみ」といい、これを大きな木桶に入れ、上から少量の水を加え、よく攪拌して発酵を待つ。仕込み後4、5日経過すると、盛んに炭酸ガスを湧かせ、特有の異臭を放って発酵が開始されるが、これをそのまま放置しておくと腐ってしまうので、「フンゴミ」という操作を行う。フンゴミは、仕込んである大桶のなかに人が入り、1時間ほどもろみを踏みつける作業で、これを1日2〜3回、1週間ほど続ける。

発酵、熟成を終えたもろみは袋に入れて圧搾し、渋搾りを行う。最初に出てきた柿渋を一番渋といい、袋に残った粕は再び桶に戻して水を加え、1週間ほど再発酵させてこれを搾ると二番渋が出来る。こうして出来上がった柿渋は、大桶や甕に貯えるが、貯蔵期間中も幾分発酵を続けるため、3〜6ヵ月ほどはそのままにしておき、発酵が収まり、熟成も十分となったころあいをみて四斗樽に入れて出荷する。発酵の目的は、シブオールを均一に分散させて安定させ、塗料や染料とした時に、きめ細かな収斂が起こり、平滑な塗面とするためである。発酵微生物は主としてバチルス・ズブチルスやクロストリジウムといった細菌類であるので、発酵中に酢酸、酪酸、プロピオン酸などを生成し、不快な酸臭を漂わす。

柿渋の主な出荷先は傘製造業、染めもの業、魚網製造業、漆器業、塗装業、薬用（火傷、虫さされ、中風、脳卒中、高血圧などへの民間薬として使用された）、日本酒製造業（清酒を清澄させるための濾過剤や酒を搾る時の袋の目詰り処理）などである。

また、柿渋の主な産地は埼玉県赤山渋（今の川口市と、さいたま市の旧浦和、大宮、岩槻の４市が境を接する地域）、備後渋（広島県東部）、揖斐渋（岐阜県南西部）、美濃渋（岐阜県南部）、山城渋（京都府南部）、越中渋（富山県）、会津渋（福島県西部）、信州渋（長野県）など広範囲にわたっていた。なお今日でも全国には柿渋製造業が京都府南部（山城渋）、埼玉県川口市新井宿（赤山渋）、埼玉県小川町（秩父渋）、富山県朝日町（越中渋）、岐阜県大垣市（揖斐渋）、広島県福山市（備後渋）などに残っており、昔ながらの発酵を守り続けている。

4. 布苔菌

日本人のウンコに特有の海藻分解微生物

海藻を分解資化して増殖する微生物も、じつは大変珍しい。海藻の主要成分はアルギン酸、フコイディン、ガラクタン、ラミナラン、マンニットなどの複雑な多糖類で、あのネバネバはこれらの成分に由来する。分子量が極めて大きいため、これらの成分を菌体内に取り込むことは困難である。ところが、自然界の微生物の中には、その海藻のまっただ中に入って行って、活発に増殖するものがいるのだから不思議だ。昔の人は、こうした微生物の存在を自然現象から知り、それを巧みに利用して布苔(ふのり)をつくっていた。

布苔は高級粘性天然糊料として昔から需要が多く、たとえば紗(しゃ)(うす絹)の糊付けとしてこれを屏風や軸物の絹地に塗ると、糊が絹布の目を詰め、滲(にじ)むのを防ぐので、微細な線まで描くことができ、鮮明な絵が出来上がる。美術、工芸、土木、建築、生活用具など広範囲に布苔は使われてきた。

2〜6月に採取された原藻（ホンフノリ、クロフノリ、ヤナギフノリ、オゴノリ、ツノマタ、イギスなど）は適度に乾燥させた後、膨潤化させるために発酵させる。湿らせた藻を床上に堆積するか、または俵に詰めて2、3日放置すると、著しく発熱しながら発酵が進む。これを床上に拡げた後、菰（こも）に入れて水洗いし、塩分を除き、水を切って直ちに漉（す）く。簀（すのこ）または蓆上に均一に手で配列し薄層とするか、または紙を漉くように水中で均一に分布させた枠を引き上げ、蓆面に抄（す）き、水切り、乾燥させる。藻体は褐紫色を帯び、極めて粘着性があり、乾燥すれば糊着して1枚の板状布苔となる。その後数回撒水して直射日光に当て、乾燥させることを繰り返し、漂白する。無色〜淡黄色に仕上げ、製品とする。

なお海藻の発酵は、原藻からヨードやカリウムを取り出すのにも用いられる。原料の海藻を桶のような容器のなかで発酵させると、藻から無機物が離れるので、その発酵液からヨードやカリウムを得ることができるが、同時に糊着剤として重要なアルギン酸やマンニットなども大量に得ることができる。発酵は主として細菌と酵母によって行われ、発酵することによって原藻の組織を崩壊させ、目的成分を溶出させることができる。

また、海藻にはマグネシウムやカリウムが多く含まれているので、堆積し発酵させれば堆肥となる。これは化学肥料が出まわる前まで非常に重要な有機肥料であった。

このような微生物が、どのようにして海藻を資化してエネルギーを獲得するかについてはよく解ってはいなかったが、2010年にイギリスの科学誌『ネイチャー』に掲載されたフランス海洋生物学研究教育機関「ロスコフ生物学研究所」の論文が、その答に近いものとなっている。その研究では、世界で最も海藻を食べる日本人の腸の中から、海藻に含まれる多糖類を分解できる酵素を生産する細菌を分離したのである。そして論文では、腸内にいた細菌が、海藻と共に持ちこまれてきた海洋微生物が持っている分解酵素を巧みに取り込んで、それを利用しているためだと指摘している。

5. 鰹節

水分を吸い尽くす鰹節のカビ

世界で一番硬い食べものは何かという実験をしてみたことがある。結論から先に言うと、日本の鰹節(かつおぶし)が世界ナンバーワンの硬さであった。鰹節に対抗する第2位は中華料理の高級材料の一つである「乾鮑（ガンバオ）」、つまり鮑（あわび）を干してカチンカチンにした硬い食材であった。

測定は、食材の硬さを計測する最新の測定機を使った。その結果、1平方センチメートルにかけた圧力を反発する力の量は圧倒的に鰹節が強く、その他さまざまな試験でも鰹節の方に軍配が上がった。また、鰹節にゆっくりと力をかけて曲げようとすると、ある力の量のところで突然「バン！」と音を立てて折れてしまうが、乾鮑の方はしなやかにねじれるなどの違いもあった。

ではいったいどうして鰹という魚の身が鉋（かんな）で削らなくてはならないほど剛硬になるのだろうか。それは、麹菌の仲間によるカビの発酵作用によるものなのである。

鰹節菌と呼ばれる麹カビの一種、アスペルギルス・グラウカスはとても変わった菌で、吸水力が抜群に強く、その上、煙で燻（いぶ）した過酷なところでも旺盛に増殖し、活動する。そのため燻されて乾燥した鰹の表面にも繁殖し、内部に残っていた水分をどんどん吸収し、あのような硬い節をつくるのである。

また、燻されると煙の成分であるさまざまなフェノール化合物が付着して防腐効果を高める（燻製品が腐らないで保存がきくのはこのため）のだが、この菌はフェノールがあろうとなかろうとどんどん増殖する超能力を持っている。それだけでなく、鰹節をあんなに美味しくしてしまうのだから凄い。

まず鰹節のつくり方を簡単に述べておこう。最初に原料の鰹を3枚におろし、おろした身を煮籠に入れて1時間半ほど煮たあと冷やす。これを骨抜きしてから底を簀子張りにした木の箱に4、5枚重ねて入れ、焙乾室で堅い薪材を燃やして燻し、じっくりと数日間かけて乾燥させる。これが「荒節」といわれるもので、この荒節を舟形に整形削りをすると、「裸節」となる。

これを4、5日間日光で乾かしてから、常に使用しているカビ付け用の樽や桶、箱、室などに入れる。この使い古された容器や室の中には鰹節菌が多数棲息しているから、裸節を2週間もそこに入れておくと、その表面にはカビが密生する（一番カビ）。これを取り出して胞子を刷毛で払い落してから日干しし、再びカビ付けの容器や室に入れる。2週間でカビは再度密生する（二番カビ）ので、前と同様の操作を繰り返し、こうして三番カビ、四番カビを付け、最後に十分に乾燥して製品ができ上がる。とにかくこんなに手間ひまかけて鰹節はでき上がるのである。

さて、四番カビあるいは五番カビまで発生させて、鰹節屋さんが何度もカビの繁殖を促しているのは、カビに、裸節の内部に残っていた水分を完全に吸い取らせてしまうためで

図６　鰹節の製造工程

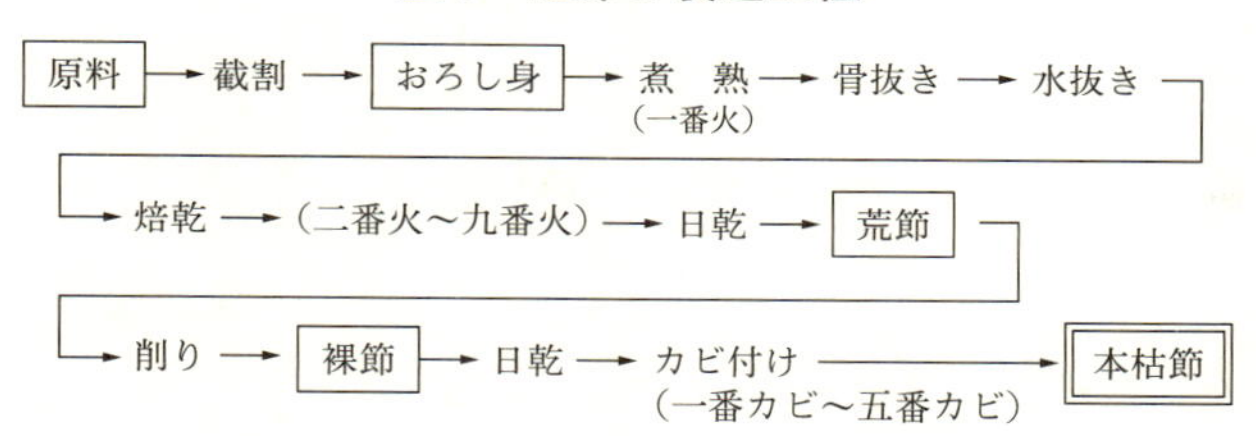

鰹節造り（『日本山海名産図會巻之三』）

ある。

カビはまず鰹節の表面にびっしりと繁殖し、そこから水分を吸い取って生きていく。節の表面の水分が吸い取られれば、そこは乾燥状態になるので、今度はさらに奥の水分がその乾燥した表面に移ることになり、その水分がまたカビに吸い取られるわけだ。こうして、どんどん節の内部の水はカビによって表面まで吸い上げられ、結局、最終的には節の内部の水はほとんどなくなって、全体が乾燥した状態になるのである。

こうして何度もカビ付けを施した鰹節を両手に持って、互いを叩き合わせると、拍子木(ひょうしぎ)を打ったような「カーン!」「カーン!」という乾いた高い快音を発する。ところが、カビを付けない裸節や生節(なまぶし)を叩いたとしても、決してあのような快音は出ないのである。

それほどまでに完全に水分を取ってしまうと、他の微生物たちは全く生育できなくなる(生のイカは直ぐに腐るが、乾燥したスルメが腐らないのと同じ)。だから、いつまでも保存できることになる。カビ付けによる鰹節がつくられはじめたのは今から約350年前の1674年(延宝2年)で、日本人の偉大なる知恵である。

なぜ鰹出汁には脂が浮かないのか?

鰹節は保存がきき、そして何よりも美味しい味をもたらしてくれる発酵食品だが、日本人はもう一つの驚くべき素晴らしさに気づいていない。それは、鰹節を削って出汁を取ってみるとわかるが、煮出汁の上に油脂成分が全く浮かんでこないことだ。

あれだけ脂肪ののった鰹を原料に使っているのに、いったい、あの脂はどこに消えてしまったのだろうか。まったく不思議なことである。実はその答は、やはり発酵中の鰹節菌が油脂成分を見事に分解してしまったからである。カビが、節の表面で増殖中に油脂分解酵素（リパーゼ）を分泌して油脂成分を脂肪酸とグリセリンに分解し、さらにその分解物を資化して（食べて）しまったからなのである。

西欧料理や中国料理といった日本料理以外の出汁取りでは、鶏ガラや牛のテール、豚の足や骨などを煮込むため、必ず油脂成分が溶出してスープの上に浮くことになるが、日本の出汁にはそれがまったくない。日本の出汁の三大神器といえば鰹節、昆布、椎茸であるが、この3つの材料からはいずれも油脂が出てこない。

質素にして格調高く、上品で肌理の細かい日本の出汁は、日本料理の真髄を決定する要因とさえなった。粋や上品さ、淡白さの中にある優雅で奥深い味。油脂をともなわないだけに、哲学的にさえ感じる出汁。そういう出汁を使ったからこそ、この国ならではの精進、懐石（かいせき）といった侘（わ）び寂（さ）びの料理が誕生したのである。

6. 人の小便から爆薬（火薬）を発酵でつくる微生物

小便を原料にして微生物で爆薬を作る。これは江戸時代に、越中（今の富山県）五箇山地方の村民が行った、現代の科学者も顔負けの驚くべき発想で、正に奇跡の発酵である。加賀藩前田の殿様までが五箇山地方の人たちに頭を下げたほどのこの発明は、今から400年前の慶長10年（1605年）のことである。その驚くべき発想は、発見された古文書（『前田利常（としつね）塩硝受取状』前田家文書、1605年）で分かった。

どのようにして爆薬を作っていたのか。ここで、当時の五箇山地方の風景を想像してみてほしい。農家の囲炉裏端でおじいちゃんとおばあちゃんが、お茶を飲んでいる。この囲炉裏には仕掛けがあって、炉周辺の床下には2間（約3・6メートル）四方に擂鉢状の大きな穴が2つ掘ってある。

その大きな穴に稗殻（ひえがら）を敷きつめ、土を混ぜた蚕（かいこ）の糞、鶏糞、ソバ殻などをどんどん入れ

図7　江戸時代の小便原料の火薬作り

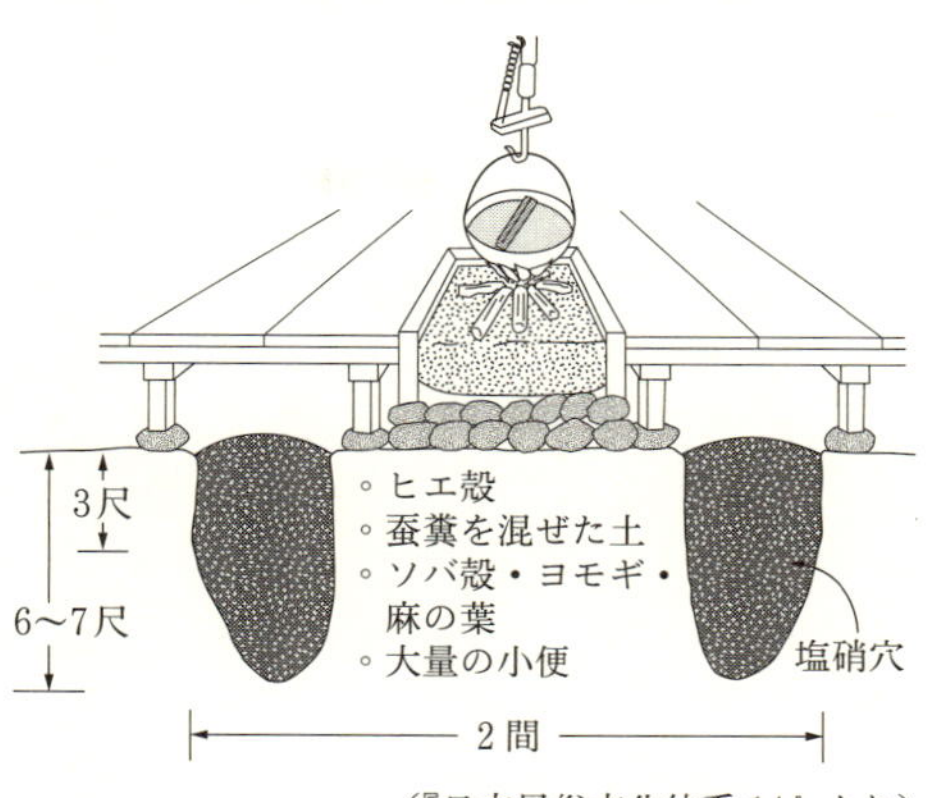

（『日本民俗文化体系14』より）

ていく。そして最後に村人が大切に取っておいた小便を大量に掛ける。

穴の中にそれらを仕込み終えたら、土をかぶせて穴の入口を閉じ、そのまま5〜6年間置いて土壌微生物で発酵させるのである。寒い冬でも、上の囲炉裏で火を焚いているので、地熱が伝わって地中は暖かく、年中発酵している。

5〜6年経ったら、村人たちは穴の入口を開けて、中から発酵物を取り出す。それをまず大きな桶に入れ、水を多目に加えて上から棒でかき回し、しばらく置いてから桶の下にある呑口（のみくち）という出口の栓を切ると、そこから水に溶けた発酵物が水と一緒に出てくる。それを濾（こ）してから灰汁（あくじる）を加え煮つめていく。灰汁とは、草木を燃やした時に出る灰を水に溶いたものである。煮つめたら最後に自然乾燥させると結晶が残る。

この結晶が塩硝（硝酸カリウム）で、黒色火薬の主成分である。これに木炭と硫黄を加えて火を点けると、大爆発が起こる。

その仕組みを化学的、微生物学的に解説すると次のようになる。

小便の主成分は尿素（$CO(NH_2)_2$）、これが土壌中の硝酸菌を中心とした微生物の作用（加水分解酵素と脱炭酸酵素）を受けて脱炭酸され、まずアンモニア（NH_3）になる。これを微生物は酸化し、水素を取って酸素を付けるから、一酸化窒素（NO）になる。発酵微生物はこれをさらに酸化して、三酸化窒素（NO_3）にする。これが土壌に含まれている水（H_2O）と化合して、硝酸（HNO_3）ができる。ここまでが5～6年もかけてやってきた発酵である。つまり、小便を土壌微生物で発酵させて硝酸を作っていたのである。

それを掘り出し、水に溶かし出してから、煮つめて濃縮し、灰汁を加えるが、灰汁の主成分は苛性カリ（KOH）で、このカリ（K）が煮つめられてできた濃硝酸と反応して硝酸カリウム（KNO_3）、つまり火薬の主成分となったのである。

五箇山地方の人たちは、これを加賀百万石の前田藩に納めていた。前田藩は五箇山付近には誰も近づかせなかった。他国の隠密にでも見つかってしまったら、大切な機密が流出してしまうからである。一方、黒色火薬をつくっていた村人たちは手厚く保護され、相応の厚遇を得ていたようである。

発想の原点は偶然から

鉄砲が種子島に伝来したのは1543年のことである。当然、弾も火薬も一緒に伝えられただろう。弾と火薬は消耗品だ。弾丸は鍛冶屋が作れるが、火薬はそうはいかない。慶長10年といえば、鉄砲が伝来して50年以上過ぎ、そろそろ火薬がなくなってしまう時期である。その時期に合わせるかのように、五箇山で発酵によって火薬が作られはじめているのである。

私はいろいろ調べてみたが、中国にも朝鮮半島にも、鉄砲伝来の国ポルトガルにも、小便を発酵して火薬を作っていたことを示す文献はなかった。この驚くべき日本人の発明は、世界に冠たるすばらしいものなのである。

それにしても今から400年も前の江戸時代初期、五箇山地方の村人たちは、化学の

「か」の字も知らなかったはずだ。彼らは一体どうやって、小便から発酵法によって爆薬を作るという、奇跡的な発想にたどりついたのであろうか。ひょっとして宇宙人が来て教えてくれたのだろうか。まさか、そんなはずはない。

発想の原点とは、実は小さな発見なのである。どんな小さな出来事も興味を持つこと、そして、自然の中で起きている何かを見逃さないことが大切なのである。

この発想の出発点を私なりに、さまざまな角度から、ありとあらゆる可能性から推測してみると、これはどうやら堆肥(たいひ)づくりから発想したものではないかという考えに至った。

堆肥は農作物の屑や稲藁、籾殻などを積み重ねて、それに糞尿も撒いて発酵させたもので、植物にとっては栄養源となる肥沃な土であるので、当時はこれを重要な肥料として当たり前に作っていた。とにかくいろいろな物をどんどん上から被せていって発酵させるが、堆肥の下の方では、おそらく囲炉裏の下の穴で起こっているのと同じような発酵と反応が生じていて、硝酸などが下に溜まっていた可能性がある。

そして、ある時、たまたま風呂場か釜場の普請があって多量の灰が出たので、それを堆肥に加えた。するとその灰が雨で溶けて、苛性カリになって堆肥の下の方に滲(し)み込んで行き、発酵によって出来ていた硝酸と反応して硝酸カリウム(塩硝)になった。

さて、ある日、村の何人かがこの堆肥を掘り出して田や畑に施しながら、どんどん掘り進めて底の方まで行った。すでにそこは硝酸カリウムが濃く溜まっているところである。ここで誰かが「一服入れようか」と言って、煙草を一服。そして煙管（きせる）から火をポトンと堆肥に吹き落とした瞬間、ドカーンといったのではないだろうか。

びっくりした彼らは「どうしてこんなことが起こったんだろう？」と興味を覚え、次に「よし、再現してみよう」と思った。それからというもの、発想に次ぐ発想を重ね、ついに囲炉裏の下に辿り着き、それが藩主まで喜ばす爆薬の製造につながったのだろうと、私は想像するのである。

7. 清酒酵母の超能力

(1) 襲ってくる高濃度アルコールからの防御戦略

今の日本酒の醸造法の基本がつくられたのは奈良時代で、醞式（しおりしき）という仕込み法ができてからである。それが室町時代に入って酘式（とうしき）というのになって、今日の仕込み方法とほぼ同じものとなった。

実は日本酒は、世界で最もアルコール濃度の高い醸造酒である。その誕生のきっかけとなったのが、その仕込み法にある。酒には醸造酒と蒸留酒（ウイスキー、ブランデー、ウォッカ、焼酎など）とがあり、蒸留していない酒（日本酒、ワイン、ビールなど）を醸造酒という。その醸造酒のアルコール分を見るとビールで5％前後、ワインで12％前後、中国の紹興酒で15％前後であるのに対し、何と日本酒は原酒で20％前後もある。普通の酒を発酵する酵母のアルコール耐性の限界が最大で15％前後であるのに対し、日本の清酒酵母はそれよりも5％前後も高い耐性を持っていることになる。酵母はエネルギー獲得のためにブドウ糖や果糖、麦芽糖からアルコールをつくるが、自分でつくったアルコールが15％になると耐え切れず、発酵を終えて死滅する。しかし、日本の清酒酵母は、15％を超してもまだ死なず、実に23％までは発酵を続けられるのである。

その理由は、酘式という仕込み法が、原料の蒸米と米麴と水をそれぞれ3回に分けて仕込むことで、酵母が自分でつくったアルコールに慣れながら、徐々に耐性を高めるからである。しかし、この仕込み方法の理由とは別に、清酒酵母自体がとったアルコール耐性への決定的な戦略は驚くべきもので、菌体の内外に防御壁を貼りつけてしまうというものである。

日本酒の原料は米、米麴、水である。米麴は、蒸した米に麴菌を繁殖させてつくった麴菌の塊(かたまり)のようなものであるが、麴菌は蒸した米に増殖する時、米に存在していたタンパク質と脂質を巧みに使って、複合タンパク質であるリピッドプロテイン(脂質タンパク)という高分子化合物を生産して米麴に残す。その米麴を使って清酒を仕込むと、発酵の段階で米麴からその物質が溶け出してきて醪(もろみ)(発酵中の酒)に移行する。一方、清酒酵母は、醪の中で一生懸命アルコール発酵しているが、そのうちに自分で造ったアルコールに冒されて参ってしまい、次第に弱っていく。

そのとき清酒酵母は、それではとばかりにリピッドプロテインを巧みに取り込んで、細胞の内側や外側にその化合物を貼り付け、アルコールからの損傷作用をブロックするのである。それによってアルコールに対しての耐性(抵抗力)が高まり、そのため多量のアルコールを生産し続けることができるのである。

このようなことから、日本酒製造時における米麴の役割は、単に米のデンプンを分解してブドウ糖にするだけではなく、いろいろな役割を担っていることを知ることができる。またそれによって生きるための酵母の巧みな戦略も理解でき、こんなに小さなミクロの世界でも、人間社会に負けない行動をとっていることにも気付くのである。

（2）米からフルーティな果物の香りをつくり飢餓から脱出

日本酒の種別の中に「吟醸酒」あるいは「大吟醸酒」という果物の芳香を持った酒がある。果物を原料とした酒ならわからぬこともないが、日本酒は米を使って造るのであるから、これは不思議だ。この香りがないと吟醸酒の体（てい）は成さないので、杜氏（とうじ）（酒を造る人たちの長）たちはどうにかしてこの幻の香りを起（た）たさんと、夜もおちおち寝ないほどに精根を使い果たし、身も心も一つにして吟醸酒造りに打ち込むのである。

吟醸酒の芳香はたしかに果物の芳香に酷似している。具体的に言えば、メロンやバナナ、デリシャスリンゴの甘くさわやかでフルーティな香りである。実際、吟醸酒の匂いの成分をガスクロマトグラフィーという精密機器で分析してみると、その主要な構成成分は酢酸イソアミル、酢酸イソブチル、吉草酸エチル、カプロン酸エチル、カプリル酸エチルといったエステル成分であることがわかった。これらの成分は、メロンやバナナ、リンゴ、パイナップルといった芳香果物の匂いの成分と完璧に一致する。

とすると、なぜ原料が米なのに清酒酵母が発酵させた酒には果物の匂いが付くのかという謎が残るのである。実はこの幻の香りの生成メカニズムはすでに解明されていて、それは次のような機序である。

まず、原料の米を磨きに磨く。これが果物香を出すための不可欠の条件である。米は外層のほうに窒素化合物やビタミン類といった、清酒酵母の好む餌（えさ）が多くあって、中心部にいくに従って少なくなる。すなわち精米歩合を40%にまでして米を磨く（糠（ぬか）を60%も取ってしまう）と、デンプンばかりとなる。こうなると酵母の栄養源は少なくなるため、その蒸米を使った醪では酵母の活動は鈍る。

そして突き破精（はぜ）麹（麹菌の菌糸を蒸米の内部に食い込ませる吟醸酒特有の麹）をつくることも、フルーティな匂いを出すための不可欠の条件である。この麹は、醪の蒸米をゆっくり溶かすのに理想の麹となっていて、清酒酵母に毎日少しずつしか餌を与えないようになっている。さらに、吟醸酒造りの発酵温度は、増殖温度の限界ともいうべき10℃以下という低温で、これは醪の蒸米をさらに溶けにくくしていると同時に、清酒酵母の活動をしっかりと抑えているのである。

さてこうなると、清酒酵母は実に困ったことになる。寒さのためにブルブルと震えながら、食べるものも少しずつしか溶けてこないので、毎日空腹の状態、すなわち飢餓状態に陥る。このままでは死滅してしまい、子孫の維持もできなくなってしまうので、何とかして生きるためのエネルギーをつくり出さねばならない。

そこで清酒酵母はやむをえず伝家の宝刀を抜くことになる。何不自由なくぬくぬくと活発に動ける環境のときには必要ないから使わなかった芳香エステル生成系（細胞膜に存在していて、果物風の芳香エステル成分を生成するアルコールアセチルトランスフェラーゼという酵素）を回転させて、エネルギーをつくり出し始めるのだ。こうして吟醸酒には果物の芳香が付くことになるのである。だから吟醸酒造りとは正反対に、米もろくに精米せず、発酵温度も20℃と高くし、そしてできるだけ米を溶かして粕を抜こうとしてつくった超安価酒（やすざけ）には吟醸香がないのは当たり前なのである。

この芳香生産のメカニズムを知ると、吟醸酒造りというのは、なんとなく盆栽造りに似ていることに気付く。針金で松をギリギリと縛りつけ、次々と出てくる枝を切り落とし、生きる力を抑えに抑えて生かしながら決して死なせてはならないから、絶えず愛情をかけてやらなければならない。吟醸醪でも、あまりにも過酷な飢餓状態に至らしめて、酵母を死滅させたのでは元（もと）も子（こ）もないから、杜氏は愛情を持って酵母を労（いたわ）ってあげているのだ。

8. 毒抜き発酵

猛毒フグの卵巣を食らう

「この地球上で最も珍しい発酵食品は何か?」という質問をよく受けることがある。

私は迷わず「それは日本の石川県でつくられるフグの卵巣の糠漬けでしょう。世界広しといえども全く他例のない驚くべきもので、単独で食の『世界遺産』に登録できるほどのものであります。なにせ、あの猛毒が詰まっているフグの卵巣を食べてしまう民族など、発酵の知恵者である日本人以外、見当たりません」と答える。人間が行ってきた食品加工の技術に、食材から有毒物質を抜いて食べる「毒抜き」というユニークなものがあるが、発酵法によって毒を抜く方法は、極めて奥の深い知恵である。

世にも不思議な「フグの卵巣の毒抜き」の発酵はすでに江戸時代から行われ、古くは佐渡島、能登半島、金沢周辺で行われていた。今は金沢市の隣町の白山市美川町でつくられているが、ここには江戸時代の天保元年(1830年)に創業した「あら与」があり、現当主の荒木敏明氏は第7代目に当たる。

日本海のこの付近では、マフグ、ゴマフグ、サバフグ、ショウサイフグといった猛毒を持ったフグが大量に水揚げされてきた。その身を主に糠漬けにして保存食にしていたが、昔からここでは猛毒フグの中でも一番毒の多い卵巣までも糠漬けにしてしまう。毒フグの卵巣には、猛毒テトロドトキシンがあるのは周知の通りで、この毒性は青酸カリの850倍もあり、大型のトラフグなら卵巣1個でおよそ50人を致死させるほどである。

ところがこれを発酵によって解毒し、食べてしまうというのだから実に奇抜で独創的な発想である。もちろん世界に類例はまったくなく、まさに発酵王国、漬け物大国ならではの知恵から生まれた発酵食品である。

その製法はまず、卵巣を30%もの塩で塩漬けし、そのまま1年ほど保存する。その間、2、3ヵ月に1度、塩を換えて漬け直すが、塩の量はだんだん少なくしていく。塩漬けの期間、卵巣の水分は外に出て行くので、このとき毒もある程度は抜ける。しかし組織に付いている毒はなかなか抜けず、そのまま卵巣に残っている。

次に糠に漬け込むが、この際、少量の麹とイワシの塩蔵汁を加える。こうして糠に漬け込み、重石をして2年から3年間、発酵・熟成させた後、完成品となる。

図8　フグの卵巣の糠漬け

食べるまでに3年から4年もかけているあたりはまさに「悠久の日本人」といった大らかさを感じるが、この珍奇な食品の発想の背景には、日本人の食に対する飽くなき探求心や、食材利用への凄まじいほどの執念、発酵王国としての伝統、周囲を海にかこまれた魚食民族の魚をめぐる意地など、さまざまな知恵が織り込まれているのである。

一般の魚の糠漬けに比べて使用塩量が多く、また発酵期間も数年をかけるほど長いのは、昔から「毒を消すため」と伝え継がれてきたという。漬け込む前にあった猛毒テトロドトキシンは、製品からはまったく消えてしまい、これによる食中毒例は皆無である。そのため今日では石川県の名物土産となり、白山市や金沢市の土産品店や空港の土産物売り場でも売られている。

猛毒が天下の美味に変わる時

食べ方は、卵巣をほんの少しずつ箸で解（ほぐ）して酒の肴や飯のおかずにするのが一般的だが、私が一番気に入っているのは茶漬けである。丼に7分目ぐらい飯を盛り、その上に卵巣をほぐして撒く。その色彩の鮮やかなこと。真っ白い飯に、卵巣の山吹色や琥珀色の美しい粒々が浮き出て、目に滲むのである。そこに上から熱湯をかけ、よく混ぜてから胃袋にかき込むと、糠みそ漬け特有の発酵臭が鼻に抜け、舌からは乳酸主体の酸味が飯の甘味にピッタリと合致して、さらにそこに卵巣のうま味とコク味とが複雑にからみ合い、まことに美味である。

この毒抜きのメカニズムは、まず塩漬けの期間で一部の毒が卵巣外に流出し、次に糠漬けの期間に残留した毒が耐塩性乳酸菌や耐塩性酵母を中心とした発酵微生物の作用を受けて分解され、解毒されるものであることが推測されている。大根やキュウリの糠漬け等を含めて、発酵中の糠みその1グラム（大体親指のツメに乗るぐらいの量）中にはおよそ10億個以上の微生物が活発に活動しているのだから、彼らにかかったら、百発百中のフグでも弾を抜かれた鉄砲のようなものになってしまう訳である。

ただし、このフグの卵巣の糠漬けの製法には、幾つかの秘伝があるのだから、私たち素人にはつくれない。「よし、俺もいっちょうつくってみようか」などという冒険心は危険なのでくれぐれもなきように願いたい。

微生物によるこのような「解毒発酵」は、日本には他にもある。南西諸島、たとえば鹿児島県奄美諸島や沖縄県伊平屋島などでは、今ではあまり見られなくなったが、蘇鉄（そてつ）の実から毒を抜く発酵がある。

蘇鉄の実には豊富にデンプンが含有されていて備荒食として飢餓時の重要な食糧ともなってきたが、かなりの量で有毒物質のホルムアルデヒドが含まれており、そのまま食べると中毒する。そこで赤い実を収穫すると、これを2つに割って日に干し、それを甕に入れて水を加えて浸し、しばらくたってから水を掬い出して、空気中から侵入した微生物で数日間発酵させる。この発酵で蘇鉄中の有毒物質ホルムアルデヒドは微生物の作用で酸化を受け、蟻酸（ぎさん）となり、さらにそれが分解されて最終的には二酸化炭素（CO_2）と水

（H_2O）になり、毒が抜けるのである。

それをよく水で洗い、再び日に干して乾燥させてから臼で搗いて粉末状にする。これを蒸してから蓆に拡げて2、3日放置しておくと、これに麴菌が付いて「蘇鉄麴」ができる。この麴に煮た米と塩を加え、甕に蓄えておくと、今度はそこに耐塩性の乳酸菌や酵母が湧きついて発酵し、特有な香味を持った「蘇鉄味噌」ができ上がる。沖縄島部では、この味噌に豚肉を加えてつくった「アンダンスー」（脂味噌）が茶請けに最高のものだったとされ、そのため蘇鉄の味噌を「チョーキミス」（茶請け味噌）ともいっていた。

この毒抜きは、甕の中で発酵を行うが、地方によっては蘇鉄の実を土の中に埋めて、土壌微生物によって解毒する原始的方法もあったそうだ。

9．芋で飛行機を飛ばせる微生物

燃料を発酵でまかなう

第一次大戦中、ドイツがグリセリンの発酵生産に夢中になっていた頃、イギリスやアメリカは密かにアセトンを発酵によって生産する研究に着手していた。アセトンはニトロセルロース（綿火薬）を得るのにどうしても必要な溶剤であり、また、そのニトロセルロースにショウノウを加えると、人類初の合成樹脂セルロイドができる。セルロイドは、写真のフィルムや武器部品の重要部にも使われるから、アセトンを発酵法によって安価で大量につくることは、戦争を有利に展開する方法でもあったのだ。

だがイギリスとアメリカの両国が発酵法によってアセトンの製造法を完成させたとき、第一次大戦は終結を迎えていた。ところがその終戦の直後から、アメリカでは自動車工業が急速に盛んとなり、その塗料の溶剤にアセトンやブタノール（ブチルアルコール）がどうしても必要となった。そこでアメリカは、さっそくその溶剤の製造を、すでに開発していた発酵法によって生産しはじめたのである。

イギリスやアメリカが考えだしたそのアセトンの発酵法は、細菌の一種である酪酸菌で行うことを発酵の特徴とし、糖を原料にして大量のアセトンを得るとき、ブタノールまで大量に生産させることができるという、一石二鳥の方法であった。アメリカに次いで、自動車工業先進国のイギリスとフランスもこのアセトン・ブタノール発酵を工業化し、生産を開始した。

図9　芋を発酵させて飛行機を飛ばす発想の化学工程

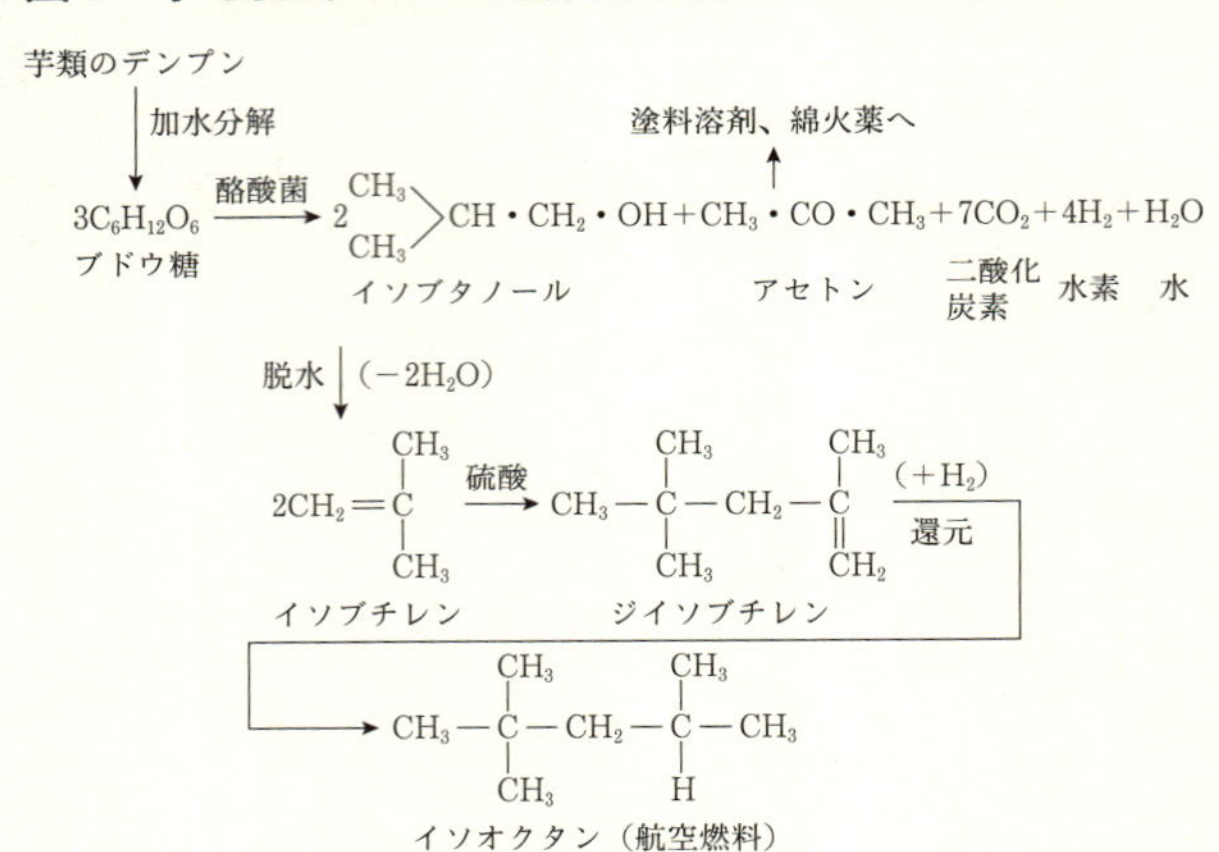

日本では第一次大戦直後に海軍がこの発酵に興味を持ち、イギリスからその発酵菌である酪酸菌の一種を取り寄せ、研究を行ったが、実際の製造までには発展しなかった。

ところがこの研究は、第二次世界大戦により再び脚光を浴びる。第二次大戦末期、石油資源を十分に持たない日本は、ついに飛行機の燃料まで底をついてしまった。その代用品を国内産物で作ることはできないものかと、さまざまな研究機関が知恵をしぼり出した末、何と芋で飛行機を飛ばそうというユニークな発想に到達した。

航空燃料はイソオクタンで、その製法は石油中のイソブタンをイソブチレンでアルキル化してつくるか、またはイソブチレンを硫酸、リン酸などを用いて二量化し、生成するジイソブチレンを水素化して製造するのが通常である。ところが日本が編み出した発想とは、サツマ芋や馬鈴薯といったデンプン主体の原料を鉱酸や麹菌の糖化酵素で加水分解してブドウ糖を生成し、それを原料にしてまず酪酸菌によりアセトン・ブタノール発酵を行う。得られたブタノールを脱水してイソブチレンとし、これを縮合、還元してイソオクタンを得るという斬新なものであった。

この製造原理にもとづいて、さっそく日本国内の芋の産地や南方諸島の占領基地などで、アセトン・ブタノール発酵のための仮工場が建設されはじめた。だが、時すでに遅く、終戦を迎えてしまい、この計画はほとんどものにならぬうちに終わってしまった。

しかし、このアセトン・ブタノール発酵は、戦後も引き続き資源の乏しいわが国では貴重な発酵として積極的に取り入れられ、一時は工業的規模での生産も行われていた。だが、産油国からの原油の輸入量が次第に多くなり、それにともなって終息してしまった。

10．超圧に耐えて醸す地獄の缶詰

世界一臭い食べ物

スウェーデンの名物に「シュール・ストレミング」という魚の発酵缶詰がある。それは現地の人たちが「地獄の缶詰」と呼ぶほどで、私も何度か現地で見たり食べたりしたが、猛烈どころか激烈な臭みを持った発酵食品であった。

シュール・ストレミングの原料はニシンである。これを開いて少量の塩をし、一度容器の中で発酵させ、発酵が旺盛となったところで缶詰にしてしまう。缶詰は通常、封をした直後に加熱殺菌するから、中の腐敗菌が死滅し、開缶しない限り半恒久的に保存が利く。ところがこのシュール・ストレミングは加熱殺菌されず、そのまま発酵室に運ばれ、さらに発酵させるのである。

発酵菌は主として乳酸菌だが、缶の中では空気がほとんどないので、嫌気発酵という特殊な発酵が起こる。そのため発酵菌は異常代謝を起こすことになり、強烈な臭みが生じてくるのである。密封された缶の中で発酵が進むと、生じた炭酸ガスの猛烈な圧力が加わってくる。数ミクロンの小さな発酵菌たちは、それでもペチャンコに潰れずに生きている。臭みの本体はプロピオン酸や酪酸といった揮発性の有機酸と、アミン類、メルカプタン類で、これらは典型的な悪臭物質である。そのほかにアンモニアや硫化水素なども含まれているので、ものすごく臭いわけである。ちょうど大根の糠漬けとくさやと鮒鮓と臭いのきついチーズと道端に落下している生銀杏が相俟ったような強烈なものに、腐ったニンニクが重層したような感じのすごさである。

この異常な発酵を物語るように、発酵によって生じた炭酸ガスの圧力は、容器の金属缶を内部から盛り上げ、缶は変形してパンパカパンに膨満している、まさに一触即発、少しの衝撃で「ドカーン」と爆発してしまいそうなほどだ。よくもこんな超高圧下で発酵菌は耐えているものである。

実際、スウェーデン国内では、この缶詰の製造中や輸送中にかなりの数の缶詰が爆発を起こしている。注意はしているのだそうだが、なにぶんにも発酵菌のやることなので大変だということであった。しかもシュール・ストレミングの缶詰は、通常の日本の魚の缶詰に比べて3倍ほど大きいので、本当に爆発したら、それこそすごいことになるであろう。

表3　臭い食べ物ランキング

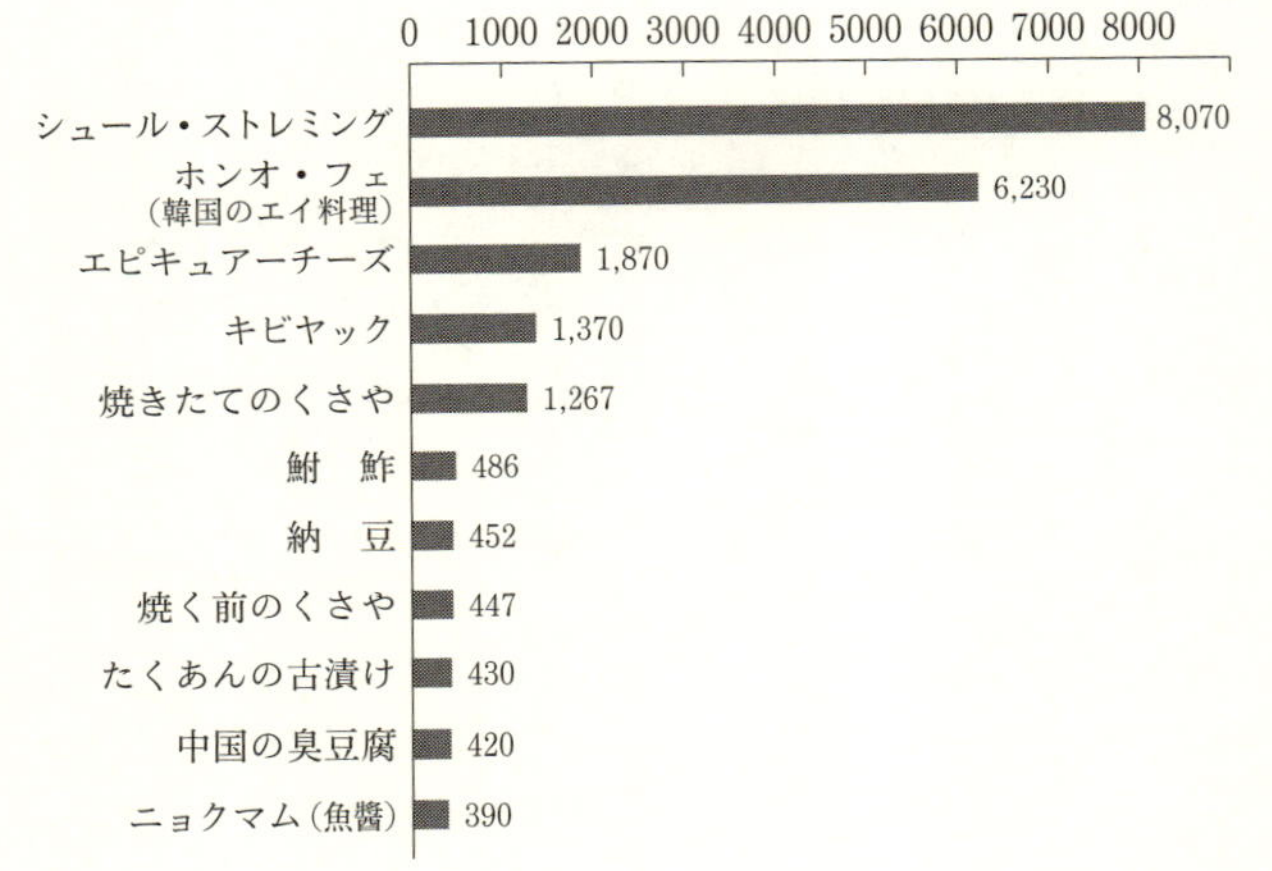

世界最臭の缶詰、シュール・ストレミング

まさに「地獄の缶詰」である。

さて、この缶詰は無防備に開けてはいけないことになっている。ラベルには、開缶にあたって守らなければならない４つの注意書きがある。

その第一は、「決して家の中で開缶してはならない」。あまりにも臭いので、家の中で開けるとそこいらじゅう悪臭にまみれるので、外で開けるよう注意しているのである。

第二の注意は、「開缶する時には必ず何か不用なものを身にまとって行うこと」。つまり、シュール・ストレミングが炭酸ガスと共に勢いよく吹き出してきて、着ている服などに飛び跳ねたら、悪臭がこびりついてなかなか落ちずに大変なことになるから、ビニール袋のようなものや捨ててもよいような雨合羽を身につけよ、というわけである。

第三の注意は、「開缶する前に、缶詰を必ず冷凍庫に入れて、よくガス圧を下げてから行うこと」というものである。冷蔵庫ではなく冷凍庫というあたりが凄い。

そして第四は、「風下（かざしも）に人がいないかどうかを確かめてから開缶すること」。これはスウェーデン人特有の、ユーモア溢れた注意なのであろうか。

さて、その缶詰を実際に開けてみたならばどうなるのか。私はこの４つの注意事項をある程度守って開缶したことがある。パンパンに膨満した缶詰に缶切りを差し込んだとたん、中から強烈な臭気を含んだガスが「ジュ〜ァッ！」という音を立てて出はじめ、その周囲はとたんに異様な臭気に包まれた。

とにかくそのガスが収まるのを待って缶を開け、発酵してベトベトに溶けた状態の魚を取り出してみると、色はやや赤身を帯びた灰白色で、臭みはやはり、タマネギの腐敗したようなものに、魚の腐敗したようなにおいが混じり、そこにくさやの漬け汁のようなにおいも入り込み、さらに大根の糠漬けのにおいが重なった感じのものであった。

味は酸味と塩味に濃厚な魚のうま味が乗り合ったような複雑なもので、口にふくむと魚肉片の内部に溶け込んでいた炭酸ガスがジワリと出てきて舌先をピリピリと感じさせる。まあ一口で言ってしまえば、臭みの強烈な塩辛に炭酸水を混ぜ込んだような感じのものであった。

スウェーデンでは、シュール・ストレミングをパンにはさんだり野菜で包んで食べる。ではスウェーデンの人たちはみんながこのすごい発酵食品を大好物にしているかというと、必ずしもそうではない。きっと、日本のくさやや鮒鮓を日本人でも敬遠する人がいるのと同じことなのだろう。スウェーデンやフィンランド、デンマークに行くと、ニシンの漬け物は食事に必ず出てくる。そのほとんどは通常の酢漬けだが、スウェーデンでは特別に注文すると、このシュール・ストレミングを出してくれる。

11. 超激辛天然防腐剤カプサイシンに耐えて発酵

トウガラシに含まれている辛味成分のカプサイシンは、細菌（バクテリア）やカビにはあまり抗菌性はないが、酵母には特異的に生育を阻害するということが知られている。ところが、中国やミャンマー、日本には、発酵トウガラシがあって、そこからは耐塩性の乳酸菌と共に酵母が検出されるのである。

日本の場合、新潟県妙高市の特産品「かんずり」が有名だ。トウガラシを麴、柚子、塩と共に漬け込んで、3年間発酵させたものであるが、ここからは麴に由来した酵母が分離されている。

また、私はミャンマーと中国から発酵したトウガラシを持ち帰って、そこから酵母を分離したところ、デバリオマイセス系の酵母を分離したことがある。

あの激辛で天然防腐剤のカプサイシンの中で酵母が、悠然と生育し、アルコールやエステル類などの香気成分を醸しているのであるから、さすがに超能力発揮である。

12．猛毒アンモニアに耐えて催涙性食品に潜む菌

韓国の殺人級食品

アンモニア（NH_3）は猛毒である。人間の場合、たったの20ｐｐｍで鼻中隔潰瘍が、さらに多くなると脳浮腫が起こり、１５００ｐｐｍで死亡する。このアンモニアが水分と反応すると水酸化アンモニウム（NH_4OH）となり、強アルカリに変わる。約０・42％（１モル）のアンモニア水溶液でｐＨは11・63となる。

このような危険なアンモニアなので、日本の食品衛生法では微量の存在でも認められていない。ところが隣国韓国には、このアンモニアをかなり多量に含んだ食べものがあって、そこからは恐ろしいアルカリ菌が見つかっている。微生物はアルカリ性が強いと生息できないことはすでに述べた通りだが、こんなところにもアルカリ耐性菌が生息しているのだから驚きである。

その驚嘆すべき食べものは、韓国の全羅南道木浦市で昔から食べられてきた「ホンオ・フェ」という魚の発酵食品である。激烈なアンモニア臭を持つので有名な食べもので、「ホンオ」とは魚の一種のエイ（鱝）のこと。「フェ」は生肉の意味。したがってホンオ・フェとは「エイの刺身」という意味である。

つくり方は、大きなエイを皮付きのまま厚手の和紙で包み、大きな甕に積み込んでいく。甕に全部入ったら、上部より重石で圧して空気を抜き、甕に蓋をしてそのまま冷暗所で保管して発酵と熟成を行う。その間、アンモニア臭が発生し、10日ほどすると出来上がりとなる。それ以降もそのまま冷暗所に置いておけば、相当期間、変質が防げて保存がきく。

この発酵は、エイそのものの持つ自己消化酵素の作用で自らの体を分解し、アンモニアを発生することと、嫌気性細菌がエイの体表にある尿素やトリメチルアミンオキサイドなどを分解しアンモニアが発生することによるのである。

食べ方は、5ミリメートルぐらいの厚さに軟骨ごとスライスし、コチュジャン（唐辛子味噌）と醬油、ニンニク、ネギでつくったタレに付け、それを茹でた豚肉の三枚肉と共にサラダ菜に包んで食べる。料理店の中にはこの発酵食品を出すところが稀にあって、その代表的メニューは「フクサンド・ホン・タク」というものである。「フクサンド」とは韓

図 10　ホンオ・フェのつくり方

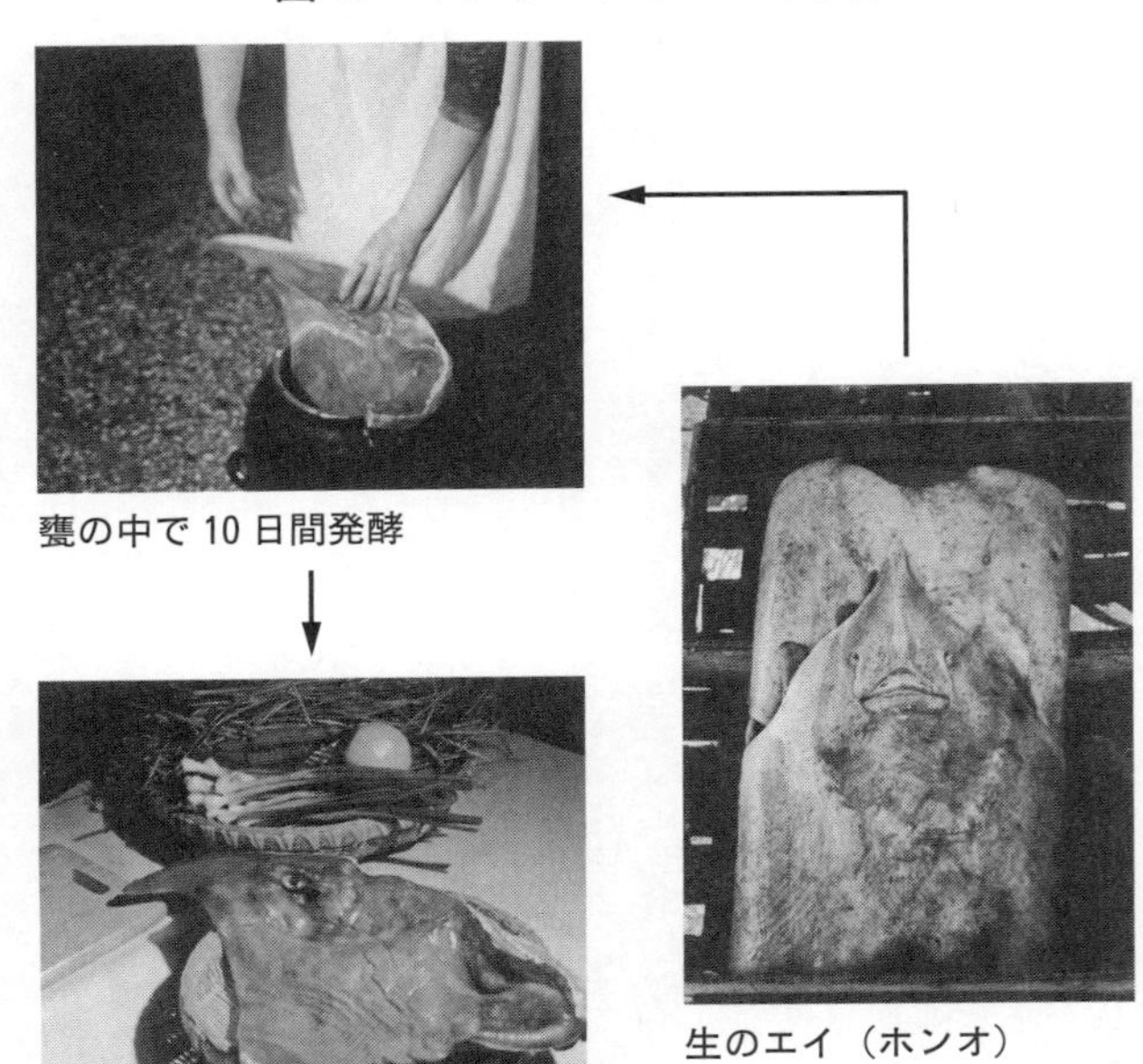

甕の中で 10 日間発酵

生のエイ（ホンオ）

発酵を終えた料理前のホンオ

ホンオの刺身

国全羅南道木浦の西40キロメートルにある小さな島「黒山島」のことで、ホンオの産地である。「ホン」はホンオの頭文字、「タク」は自家製の酒、すなわちマカリ（濁酒）のことである。したがって「本場フクサンド産のホンオと地酒のセット」ということになる。

ホンオ・フェは非常に高価で、現在、1キログラム当たり15万～20万ウォン（日本円で2万～2万5000円）もする。面白いことに、これは韓国全羅南道の木浦市周辺では冠婚葬祭には不可欠なものであって、同地域ではこれを出す数量で宴の格式や位が決まるという。

あまりの臭さに卒倒寸前

さて、いよいよそのホンオ・フェの味とにおいであるが、私はこれを初めて口にした時に、あまりの激烈なアンモニア臭に圧倒されてしまった。

発酵した菌がエイの身を分解して発生させた臭気の強烈さは、そんじょそこらのアンモニア臭など比較にならない。食べようと口の近くまで持っていっただけでも、目からポロポロ涙が出てくる。アンモニアは目の網膜（粘膜）を侵すので少量でも催涙性があるが、ホンオ・フェはそのアンモニア臭が強烈なので涙が人一倍出る。とにかく、ウッときてクラッとする。

味はといえば、あまり美味とはいえないが、大変に個性的な魚の味で、噛んでいると口の中が少し温かくなってきたのには驚いた。噛んでいる間、鼻からムンムンとアンモニアの臭いが出てきて、やはり目から涙が止まらない。

木浦に行く前に、韓国の知人がこのホンオ・フェの食味が書いてあるという文献のコピーを送ってくれたのであるが、そこには「口に入れて噛んだとたん、アンモニア臭は鼻の奥を秒速で通り抜け、脳天に達す。この時、深呼吸をすれば100人中98人は気絶、2人は死亡寸前となる」と書いてあった。

確かに猛烈なアンモニア臭で、私は気絶寸前にまで陥った。

13. アザラシの腹の中の野鳥に生きる北極微生物

海鳥の肛門からチュルチュル

カナディアン・イヌイット（エスキモー）の極めて珍しい発酵食品に「キビヤック」と

いうものがある。イヌイットの生活するところは冬は極寒の世界で、短い夏でもそう高く気温が上がらないから微生物は生息しにくく、発酵食品は持たない民族といわれてきた。確かに酒は歴史上持たない民族として知られてきたのだが、その極限の民族に驚くべき知恵で作った発酵食品が存在することが明らかになったのは比較的最近のことである。

何せ度肝を抜かれるほど凄いその発酵食品とは、巨大なアザラシの腹の中に何十羽という海鳥を詰め込み、そのアザラシを土の中に埋めて発酵させるという、誠にダイナミックな漬け物なのである。

その腹の中にいっぱい海鳥を詰めたアザラシの一頭漬けは次のようにしてつくる。まず、海燕の一種アパリアスを銃で撃ったり霞網で捕らえる。鳥が多いので結構な数が獲れる。アパリアスは日本に飛来してくる燕を二廻りほど大きくした感じの水鳥で、そのままで食べてもかなり臭いがきついものである。

次にアザラシを捕らえると、イヌイットたちはまず肉や内臓を抜きとり（もちろん全て食料とする）、皮下脂肪も削ぎ取り（脂肪は燃料や食用にする）、空洞となったアザラシの腹の中にアパリアスを詰める。アパリアスは下拵えなどせず、羽根も毟らずにそのまま入れるのである。大体40〜50羽詰め込んだら、アザラシの腹を太めの魚釣糸で縫い合わせる。

このアザラシを地面に掘った大きな穴に入れ、上に土を被せ、さらにその上に幾つもの重石を丁寧に乗せておく。この重石は、よく漬かるようにというためよりも、野犬やキツネ、オオカミ、白熊などに掘り起こされて食べられないようにするためである。カナディアン・イヌイットの住むバレン・グラウンズ辺りは、夏は5月末から始まり8月末から9月には短い秋、そしてすぐに冬という気候だから、実質的には夏は3ヵ月ほどしかない。夏といってもそう暑くないが、その夏の初期にキビヤックを仕込むのである。

それを2年間放置しておくと、夏だけ発酵する（その他の期間は低温のため発酵は休止する）ので発酵の期間は大体6ヵ月間ということになる。大概の発酵食品や漬け物は塩を加えてつくるが、このキビヤックは無塩発酵である。寒冷地なので食べものを腐らせる腐敗菌はあまり生息できない土地柄だからできるのであろう。発酵する菌は寒さに強い乳酸菌と酵母が主であった。

掘り出したアザラシは、グジャグジャの状態で、土と重石で潰されたかのようになっている。ところが海燕の方は、アザラシの厚い皮に守られながら、自らは羽根に被われているからほとんどそのままの形で出てくる。

さて、このスーパー漬け物、イヌイットの人たちはアザラシの方を食べるのであろうか、それとも海燕の方であろうか？　実は燕の方なのである。アパリアスはアザラシの厚い皮の中で乳酸菌や酵母などの発酵菌によって発酵を受け、ちょうど日本の「くさや」のにおいをさらにどぎつくしたような、強烈な特異臭を発するように仕上がるのである。土の中の、かなり嫌気性の（空気の乏しい）環境で発酵を余儀なくされたので、ちょうどシュール・ストレミングと同じような生理作用を起こして猛烈な臭みが出るのである。

その食べ方だが、まずドロドロに溶けた状態のアザラシの厚い皮に被われたアパリアスを取り出し、尾羽根のところを引っぱると尾羽根はスポッと簡単に抜ける。次にその抜けた穴のすぐ近くにある肛門に口をつけ、チュウチュウと発酵した体液を吸い出し味わうのである。体液はアパリアスの肉やアザラシの脂肪が溶けて発酵したものなので、実に複雑な濃味が混在しており、どぎついほどの美味である。ちょうど、とびっきり美味なくさやにチーズを加え、そこにマグロの酒盗（塩辛）を混ぜ合わせたような味わいであった。

貴重なビタミン補給源

イヌイットの人たちはそういう食べ方ばかりではなく、キビヤックを健康保持のためにも使っている。というのは、セイウチやアザラシ、イッカク、クジラなどの肉を焼いたり煮たりするとき、キビヤックを付けて食べる。つまり、調味料的なものでもある。しかし、肉を生で食べる場合には、このキビヤックは付けない。なぜ火を通したものだけにキビヤックを付けるのであろうか？　実はそこには驚くべき知恵が隠されているように思えた。

北極圏というところは気候風土が厳しいために新鮮な野菜や果物が採れない。そのため、ビタミンを十分に補給できない生活環境にある。そこで彼らは古来より、カリブー、白熊、クジラ、アザラシなどの生肉を食べることによってビタミン類を摂取してきた。

だが、アメリカ人やカナダ人たちが毛皮を求めてイヌイットと交流するようになって以降、イヌイットもしばしば肉を焼いたり煮たりして食べるようになった。そのように肉を加熱した時には、このキビヤックを付けて食べるのである。それによって、加熱で失われたビタミン群がキビヤックから補給できるというわけである。発酵食品には、発酵微生物群が生成した各種のビタミンが豊富に含まれているから、実に理に適った食法といえる。

北極圏という新鮮な野菜や果物からビタミンを補給できない地で、漬け込んだ発酵海鳥からビタミンを摂取するという、このすばらしい生活の知恵には驚かされるばかりである。

キビヤックの存在は、これまで言われてきた「北極圏には発酵食品は無い」という説を否定するばかりか、地球の果てまで、発酵微生物は人間の周辺に棲息していて役立っていることを示しているのである。このような「知恵の発酵」は、この地球上にまだまだ数々あって、それぞれの民族の生活を豊かにしているのである。

14. 動物の脂肪（あぶら）を植物の油に変える微生物

火腿の滋味

中国浙江省、江蘇省、雲南省には、「火腿（ホイティ）」と呼ばれる肉の発酵食品がある。実はこの食べもの、日本の鰹節に大変よく似ている。両烏豚（ルーウートン）と呼ばれる、火腿をつくる目的だけに品種改良された中型の豚の腿（もも）だけを原料にして、これにカビを中心にした発酵菌を繁殖させて造る保存食品である。

この豚の飼育には、決して残飯とか小麦、コーリャンなどの穀物は与えず、野菜を発酵させたようなものだけで育てる。すると不要の脂肪があまり付かず、良質の火腿ができるという。軽く塩漬けにした腿を発酵室に吊るしておくと、そのうちにカビが付いてくる。これをさらに半年ぐらい発酵と熟成を重ね、完成品とする。表面を被っていたカビを払い取ると、飴色というかロウソクの焔のような美しい色が現れる。その色合いから「火腿」と呼ばれるのである。

日本の鰹節は鰹を原料にカビで発酵させ、カチンコチンに硬くした保存食品であるが、中国の火腿は豚肉を原料にカビを中心とした発酵菌でやはりカチンコチンに硬くした食品なのである。中国では800年も前からこの火腿を造ってきたが、その食べ方は日本の鰹節と同じく出汁を取ったり、切って煮ものにしたり炒めものにしたりする。

ただし、火腿と鰹節が似ているのは偶然の一致で、両者は歴史的にも全く関係がない。なお中国には中国ハムという、私たちが通常食べているハムと同じ一般的なハムもあるが、これを日本のメディアでは「火腿」と紹介しているものもある。中国ハムと火腿は全く別ものなので間違ってはならない。

火腿は非常に高価なもので、ほとんど香港から輸出され、中国の外貨獲得に貢献している。そのため、製品1本1本に番号が付けられて厳重に管理されている。私もこの火腿の工場を何度か訪れ、食べてみたが、味が大変に濃厚で、これでは美味な料理ができても不思議ではないと感心したのだった。

動物性油脂を植物性油脂に変えてしまう

さて、話はここから凄いことになる。私が発酵学を長く修めてきた中で、最も驚き、最も感動したのは、浙江省の火腿をつくっている現場で遭遇した出来事である。そのときは、この学問をしてきて本当によかったなあと、つくづく自分に言い聞かせたほど学者冥利に尽きる思いであった。

火腿の名産地として知られる浙江省のある村に行ったとき、教室くらいの大きさの部屋にカビの生えた豚の腿が500本ぐらい吊るされていて、その1本1本からチッタン、チッタンと油が滴(したた)り落ちていた。じつは、これは大変驚くべきことで、中国の科学者も、その重大性には気付いていなかったようであった。

どこが驚くべきことなのかというと、ふつう豚や牛の脂は常温では溶けず、白く固まっているものだからだ。獣脂は飽和脂肪酸で融点（脂肪の溶ける温度）が高いので、低い温度では溶けず液化しない。一方、読者の皆さんの台所を見てもわかるように、大豆油、菜種油、ゴマ油などの植物油は、冬場でも固まらない。つまり植物油は融点の低い不飽和脂肪酸だからである。

火腿から油が滴る現場を見た私は瞬時に、「これは飽和脂肪酸が不飽和脂肪酸に変わっ

図11　中国「火腿」につくカビ

豚の腿にカビが付き出す

カビがついた腿

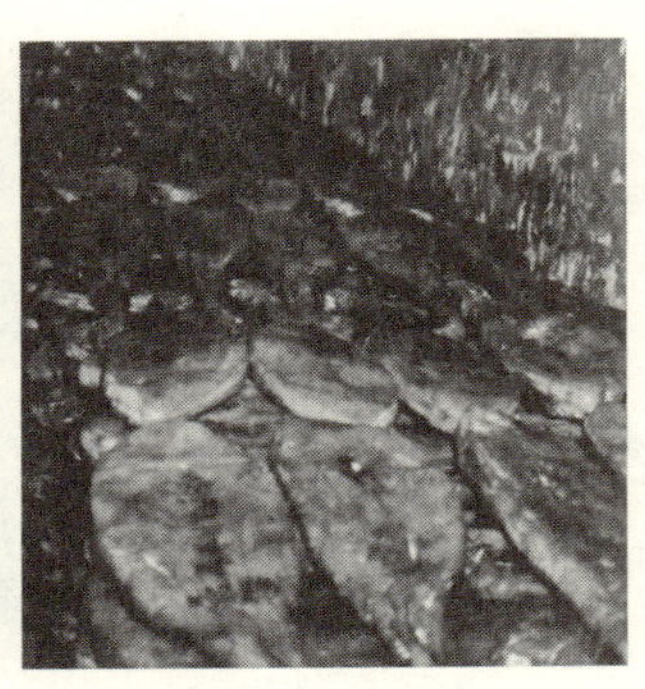

出来上がった「火腿」

たから溶けているのだ」と気づいた。極端な言い方をすれば、動物性の脂が植物性の油に変化していたのである。これは凄いことだと思い、この油を滴らしている火腿を分けてもらって日本に持ち帰り、そこから菌を分離したのである。

そして約300種類の菌の中から、飽和脂肪酸を不飽和脂肪酸に変える不飽和化酵素(デサチュラーゼ)という特殊な酵素を持つ菌を発見したのである。この酵素は、飽和脂肪酸(動物の脂)から2個の水素原子を除去して二重結合をつくり、不飽和脂肪酸(植物の油)に変える働きをする。この特殊能力を持った菌はアスペルギルス属の糸状菌だった。

繰り返しになるが、こんなことを最新のバイオテクノロジーでやろうとしたら、とんでもない時間とお金がかかってしまうだろうし、おそらく不可能であろう。

また、この一件から言えるのは、発酵学に限らず学問は「発見する能力」も非常に大切だということである。油の滴る火腿を見ても、ただ「ああ、何だ、脂が溶けてるな」と思うだけで通り過ぎたのでは、何も生まれない。そうではなく、「おっ、これは凄い」とすぐに気づいて見落とさないことである。ほんの小さな生命現象、ささいな自然現象でも見落としてはいけない。現場では絶えず目をキョロキョロさせていなくてはいけないのだ。

この菌は大きな可能性を秘めている。まず、食肉処理場から出る動物性の脂を植物性の

図12　デサチュラーゼの一例

ステアリン酸（飽和脂肪酸） ＝ 動物脂	CH_3・〔CH_2〕$_{16}$・COOH （C_{17}・H_{35}・COOH）
	デサチュラーゼ ↓ －2H
オレイン酸（不飽和脂肪酸） ＝ 植物油	CH_3・〔CH_2〕$_7$CH＝CH〔CH_2〕$_7$・COOH （C_{17}・H_{33}・COOH）

油に変えるという用途が考えられる。これが成功すれば、最近は大豆油が高騰してきたから、利用価値は高いと思う。

それから、研究次第では、人間の脂肪を溶かしてしまうことも可能で、行く末は肥満の治療や美容にも使えそうだ。さらに、この不飽和化酵素の性質を変えていけば、さまざまな保健的機能性を持った食品が出来るだろう。不飽和脂肪酸は血管を丈夫にするから、たとえば、心臓疾患や脳溢血の予防といった医療用にも使えるだろう。このように、自然界から分離した超能力微生物には大変な応用価値があるのである。

第４章　超能力微生物の王者「野生酵母」へのチャレンジ

1．なぜ、チャレンジするのか

ゲノム編集よりも効率のいい方法

発酵学や微生物学だけでなく、人類が歩んできた科学の応用にはまず創生期があり、それが次第に膨らんで成長期となり、そこからさらに発展期を経て、ついに完成期を迎え、そこで終わることなく次世代へと進化させるべく未来期があるのだと思う。

だが完成期ともなると、ついつい原点を見失い、心とか人間性といったソフトを忘れて、結果ばかりを追い求めるハードの途（みち）に入ってしまう。そこに人間の傲（おご）りが重なるものだから、より一層の人間不在、科学重視が世に蔓延（はびこ）ることになる。今日の地球環境の破壊や温暖化、あるいは大量家畜化による牛海綿状脳症（BSEプリオン）や鳥インフルエンザの猛威も、遠因はそこにある。

わが微生物学も例外ではない。今日ではバイオテクノロジーの発展によって微生物の遺伝子組み換えやゲノム編集にまで技術が進んで、私が常々口にしている「古典発酵」あるいは「古典発酵手法」さらには「オールドバイオテクノロジー」といった考え方、精神は消えかけているのが現状である。そのため今日の若い大学生諸君も、ニューバイオテクノロジー一貫の教育によって、やれ遺伝子組み換えだ、それゲノム編集だ、ほれプラスミドだなどと最新技術を教え込まれ、叩き込まれているものだから、実験手法の基本すらおぼつかないのにコンピューター付きの最新機器で菌を弄りまわしている姿も少なくない。

このように言うと、最新のバイオテクノロジーを否定しているように捉えられるかもしれないがそうではないのだ。新しいことばかりに頼るのではなく、古典的手法によってもチャレンジできるのだ、ということを言っているのである。

「温故知新（古きをたずねて、新しきを知る）」という言葉があるが、私は、これからの若い研究者はこの精神を忘れてはいけないと思っている。クローンの導入や遺伝子組み換えなど、さまざまな試みが行われているが、安全性や生命倫理の問題などばかりでなく、現実的にはなかなか難しいものがあり、そう簡単には成功しないのが現状である。

私が言いたいのは、最新のバイオテクノロジーばかりでなく、昔ながらの手法でも「超能力微生物」は得られるのだ、ということなのである。つまり、人間が求める能力を持った微生物を自然界から捜し出し、それを分離して使おうというのである。この方法だと、安全性や生命倫理上に何の問題も生ぜず、その上、何と言っても最新の設備など必要ないから、お金もかからない。私はこの考えを、今のバイオテクノロジーに対し「オールドバイオテクノロジー」あるいは「古典発酵技術」と呼ぶことにしている。

地球上には無数といってよいほどたくさんの微生物が生息していて、それぞれ固有の性質を持っている。私たち人間はまだ、それらをほとんど利用していないのである。本章では、私がこれまでこのオールドバイオテクノロジーの手法によって、いかに有用な性質を持った超能力微生物の分離に成功したかを述べ、この考えを立証してみたい。

たとえば私たちは、色を瞬間的に分解してしまう微生物「脱色微生物」を、ほとんどお金をかけずに自然界から取り出すことに成功した。もし、この脱色微生物をバイオテクノロジーで作り出そうとしたら、日本の国家予算を投じても、おそらく不可能だろう。新しい生命体を作り出すことは、宇宙開発が進む今日でも非常に難しいのである。

第1章及び第2章で述べた通り、この地球上には夥しい数の微生物が生息していて、その中には極限環境にも耐えて繁殖しているものもいるのである。

本章で紹介するのは、実際に私たちがこれまで行ってきた超能力微生物の採取、分離そして応用の研究結果である。このオールドバイオテクノロジーの手法が、いかに将来の人間社会への貢献や地球環境の保全などに大きな可能性を秘めたものであるかを理解することができるだろう。なお、以下に述べる全ての研究は、日本農芸化学会誌、生物工学会誌、日本醸造協会雑誌、日本食品工学会誌、日本食品低温保蔵学会誌などに学術論文として掲載されたことを申し述べておく。

野生酵母に狙いを定める

さて、微生物を分類するとなると、とてつもなく多岐で複雑となり、綱、目、科、属、種と段階的に細分化して決めていかなければならない。ましてやウイルスや藻類まで入れるとそれは何万種にも及んでしまう。

そこで私たちは、どのような属から超能力微生物を分離しようかという検討に入り、まずターゲットを絞り込むことにした。その結果、やはり日頃の研究で一番扱いに慣れているのは細菌、カビ（糸状菌）、酵母の3群で、これらは醸造学や発酵学の分野で頻繁に登場し、応用範囲も広いことから、この3つの群より選ぶことにした。

細菌とカビの研究と応用は、近年飛躍的に発展している。自然界から分離された細菌を使って各種アミノ酸や有機酸の生産、環境浄化発酵などが工業的規模で成功しており、さらに多方面の発酵工業でも細菌は広く応用され、役立っている。一方、カビでも、自然界から得られた有用菌株でさまざまな抗生物質や制ガン剤の開発と生産、さらには諸酵素の発酵生産工業が発展し、大きな成果をあげている。

しかし酵母は、酒類の醸造やパンの製造といった嗜好飲食品の利用が主で、細菌やカビのような華やかな応用はこれまで無かった。酵母は真核生物であり、原核生物である細菌などに比べてより人間に近い細胞構造を持つ微生物なので、応用よりも専ら学術的研究の対象とされてきた。また酵母は、細胞膜と細胞壁が硬く厚いという構造から、細菌やカビと違い、特殊環境での培養は難しい。そのため超能力微生物の研究対象とはならなかった。

その上、酵母といえば清酒酵母やワイン酵母、パン酵母というように、これまで長い間、保存用酵母として継代培養をしながら使われてきたものばかりであったので、別段新たに自然界から分離する必要はなかったのである。自然界に生息するいわゆる「野生酵母」の存在は知られていたものの、その応用のための分離はこれまでまったくと言ってよいほどなされなかった。

そこで私たちは、敢えて野生酵母にターゲットを絞り、その可能性に挑戦することにしたのである。

2. 野生酵母を求めて作戦開始

野山などの自然の至るところに野生酵母は生息する。だが、超能力酵母を分離する試みは今までほとんどなかったので、私たちは独自の手法によって分離することを考えた。

まず、どこから分離するかだが、いくら野生酵母といっても、栄養源の無いところにはあまりいない。そこで、自然界で最も栄養があり、微生物の集積しやすい所はどこかを検討したところ、樹液や花の蜜などにはとても多くの微生物がいることがわかった。

ヒントとなったのは、今から100年も前、ソ連邦やヨーロッパで白樺の樹液から微生物が分離されたという研究報告を見つけたことである。しかしその後、この分野での詳細な追試験は1970年頃までまったくなかった。

樹液とは、樹幹に穿孔（せんこう）する昆虫による傷口や、風雪などの自然現象により生じた小さな穴やひび割れ、あるいは剪定（せんてい）や伐採のときに切口に浸出する液のことである。一般に糖分は少ないが温暖さや風のために水分が蒸発し、栄養成分が濃縮され、微生物にとっては格好の棲み場になっている。樹液には、微生物が風によって運ばれてくるほか、昆虫も飛来してきてそこを餌場としたり、産卵したりする。昆虫の幼虫はそこで育って成虫となり、移動するとき体表に多数の微生物を付着して別の樹液に行くのである。

1970年代に入ると、私たちの共同研究者である微生物学者の小玉健吉博士（秋田県小玉発酵化学研究室）が、この樹液に着目し、わが国の全域にわたり広葉樹の樹液に生息する野生酵母の分離を行い、多種類の酵母を同定（どのような酵母であるかを分類し、判定すること）した。

一方、小玉博士は樹液のみならず、特殊環境に生育する野生酵母の分離において画期的な研究をおこない、日本の自然界に生きる鳥類、哺乳類、爬虫類などの野生動物の排泄した糞の中にも多種の野生酵母が生息していることを見出した。

そこで私たちは、その樹液や鳥獣糞から実際に野生酵母を分離することにし、そこに超能力を持った酵母がいるかについてまず実験に入った。

３．樹液酵母と鳥獣糞酵母の分離

(1) 採取の方法

この野生酵母へのチャレンジは、当時私が教授をしていた東京農業大学農学部醸造学科発酵化学研究室内に「有用野生酵母分離応用プロジェクト」を立ち上げ、そこを作戦本部として活動を開始した。

まず樹液試料の採取は、各種の広葉樹を伐採した切株または傷口に浸出する樹液を対象に、毎年４月中旬から７月中旬にかけて研究室の学生や大学院生などが全国各地の野山に入って行った。

採取の方法は、綿栓試験管内の先端に綿片をつけた金属棒を挿入し、試料が郵送の途中に乾燥するのを防ぎ酵母の定着をはかるために、管底に約１ミリリットルの米麴汁（糖度12°、１００ｐｐｍのクロラムフェニコールを含む）を入れ、常法により殺菌したものを準備した。クロラムフェニコールは抗生物質の一種で、細菌やカビを抑える目的で使用した。

この抗生物質は酵母には効かない。採取現地で綿栓をとり、試験管内から引き抜いた金属棒の尖端につけた綿片に樹液を塗布し、しみ込ませた後、金属棒を管内におさめ綿栓をし、速達便で研究室に送る方法をとった。

また鳥獣糞試料の採取は、全国の都道府県にある狩猟協会や猟友会、鳥獣保護団体、環境保護団体、各大学の自然保護サークル、野鳥の会などへ協力の要請をしたところ、多くが学問のためならば、と協力してくれた。

こうして7年間で約1950サンプルを集めることができた。この場合、採取時期は年間を通して行い、脱糞直後に新鮮な糞を滅菌した綿棒につけ、乾燥を防ぐために滅菌したポリエチレン製小袋にすばやくおさめた後、速達便で研究室に送ってもらった。

（2）分離の方法と結果

試料から酵母の分離は、次の方法により行った。

あらかじめ調製した濃厚ニンジンエキス（水洗いし細片にした鮮紅ニンジン1キログラムに水1・5リットルを加え、果物用ミキサーですり潰した後、二重鍋のなかで1時間煮沸後、ガーゼでろ過したもの）と糖度12°の米麴汁の等量混合培地に3％の粉末寒天を加えた固体

表4　鳥獣糞酵母の分離源

鳥類	キジ、ウズラ、ノガモ、ヒヨドリ、キジバト、クマゲラ、シラサギ、ヤマドリ、カルガモ、コジュケイ、ベニマシコ、スズメ、カモメ、カラス、ツグミ、ノビタキ、カワセミ、ハクチョウ、ムクドリ、ツバメ、コムクドリ、アオサギ、センダイムシクイ、カワカラス、アオジ、モズ、イワツバメ、バン、ウミネコ、ズアカアオバト、ルリカケス、カワラヒワ、ヒドリカモ、ハヤブサ、ビロードキンクロ、ヤマセミ、ホオジロ、カンムリワシ、カシラダカ、コガラ
爬虫類	シマヘビ、ヤマカガシ、ハブ、マムシ、アオダイショウ、トカゲ
哺乳類	ヒグマ、カモシカ、ノウサギ、ニホンシカ、エゾシカ、ホンドタヌキ、ネズミ、キツネ、ホンドテン、イノシシ、キタキツネ、ホンドイタチ、ツキノワグマ、アカリス、アマミノクロウサギ、モモンガ、ニホンザル、ヤクザル、ハナシカ、トウホクノウサギ、ツシマヤマネコ、ツシマテン、イリオモテヤマネコ

培地を加熱溶解し、あらかじめ殺菌したペトリシャーレに流し込み固化したものを準備した。

この培地表面に試料の1白金耳を直接画線塗布し、15℃および25℃に4～5日間保ち、出現したコロニーのうち外観および検鏡により細胞形態の異なるものを釣菌し、常法により純粋に分離した。なお、培地にはバクテリアの発育を抑えるため100ppmクロラムフェニコールを加え、純化した菌株を主として「The Yeasts: A Taxonomic Study」(酵母の分類を世界的に統一するためにまとめられた標準分類法）の方法と命名法により分類した。

なお、全国から大学に寄せられた鳥獣糞酵母の分離源を前頁の表に示したが、多くの方々のご協力により、かくも多種類の動物の糞試料を集めることができたのである。

4．分離した野生酵母の有用性

全国各地から集まってきた樹液酵母と鳥獣糞酵母からは驚くべき多くの野生酵母が分離され、ペトリシャーレに出現したコロニー数は延べ2万個にも達した。そのコロニーを外観及び顕微鏡観察を行って酵母の特徴を有するものを釣菌したところ、その10分の1の約２２５０個となり、それらを「The Yeasts: A Taxonomic Study」に基づいて同定したところ、サッカロマイセス属やピシア属、クリュベロマイセス属など有胞子酵母10属と、キャンディダ属やクリプトコッカス属など無胞子酵母3属の13属に分けることができた。

次に、こうして分離した野生酵母が特殊能力を持った有用酵母の可能性があるか否かについて実験してみることにした。すなわち、特殊能力を次の①～④のグループに分けた。

①物質の資化または分解能力があるか。②菌体外に酵素（アミラーゼ、プロテアーゼ、リパーゼなど）を分泌できるか。③特殊物質の生産性はどうか。④耐性はどうか。

以上の特殊性の検証を、多くの大学院の学生や外部研究員、後述する「有用野生酵母研究会」での連携研究機関など、延べ２５０人を超す人員で7年間にわたって取り組んでみたのである。

その全ての結果を詳細に述べることは不可能なので、ここではそれを一括して述べることとし、その中で特に興味ある特殊能力については詳しく記述することにする。

実験によって、樹液や鳥獣糞から分離した野生酵母群は多くの菌株が特殊能力を有していることがわかった。

まず、①の実験班の物質の資化または分解については、デンプン、タンニン、リグニン、セルロース、ペクチン、キシラン、サポニン、グルカン、ガラクタン、ベタイン、マンナン、キニーネ（アルカロイド）、油脂、乳糖、悪臭成分、色素を分解する酵母が見つかった。

多くの一般的酵母は、このような多糖類を分解し、資化する能力は持たないか、持っていても微弱である。だが、野生酵母はそのほとんどを分解し、資化したので驚いた。デンプンの分解と資化にはアミラーゼが、タンニンにはタンナーゼが、セルロースはセルラーゼが、ペクチンにはペクチナーゼがというように、それぞれを分解するための酵素が必要になるが、検討した結果、それらの酵素を酵母が生産して菌体外に分泌していることもわかった。もちろん、分解して生成された物質は炭素源として資化し、栄養源としている。悪臭成分の分解もわずかに見られたが、これは分解のためというより菌体表面に成分が蓄積しているためであることがわかった。色素の分解については後述する。

②の実験班は、菌体外にアミラーゼ、プロテアーゼ、リパーゼを分泌することを確かめた。一般的に酵母は細胞膜や細胞壁が厚いため、サイズの大きい高分子でできている酵素を透過させて菌体外に分泌するのは不可能とされていたが、野生酵母はそれを可能にしていた。すなわちこれらの酵素を分泌して、菌体外（培養基）にあるデンプンを分解してブドウ糖を、タンパク質を分解してアミノ酸を、脂肪を分解して脂肪酸とグリセリンとし、これらの分解生成物を菌体内に取り込んで栄養源としていたのである。プロテアーゼの分泌については後述する。

③の実験班は、酵母が各種の有機酸をつくって菌体外に分泌すること、抗酸化性と抗酵母性を有していること、すばらしい芳香をつくる野生酵母が多数見つかったこと（後述）

表5　主な難分解物の資化又は分解

基質	最大資化率（%）
デンプン	100.0
タンニン	100.0
リグニン（杉材より調製）	0
セルロース（セルロースパウダー）	77.3
ペクチン	87.5
キシラン	48.4
グルカン（β-1,3-グルカン）	94.1
サポニン	79.2
ガラクタン	84.4
マンナン（パン酵母より調製）	48.4
ベタイン	95.0
キニーネ	86.2
タンパク質（ハンマステンミルクカゼイン）	100.0
（ヘモグロビン）	100.0
（ゼラチン）	100.0
乳糖	100.0
油脂（オリーブオイル）	100.0
（トリブチリン）	100.0
（トリカプリン）	100.0
（トリオレイン）	100.0

（注）　Wickerham合成培地に上記基質を炭素源または窒素源として1%添加後、供試酵母を接種して、25℃、48～72時間振とう培養後、残存基質を定量し、資化率を求めた

などの結果を出した。中でも驚くべきことは、超多酸性酵母（AN−109）が得られたことで、なんと野生酵母が乳酸菌に負けないほどの乳酸を生成することがわかった。日本酒造りに使われている協会7号酵母（K−7）の実に31倍も酸を生成する株であった。

興味深いことにこの酵母は、それほど多量の乳酸を生成するにもかかわらず、エチルアルコールの生産も活発であった。その生成経路について、乳酸脱水素酵素、アルコール脱水素酵素、ピルビン酸脱水素酵素といった代謝系から生成メカニズムの検討を行い、それらの酵素活性も活発であったことをつきとめた。なおこの酵母は、クリュベロマイセス・サーモトレランスと同定した。

④については、表6の(2)に示した一例のように、通常の清酒酵母やパン酵母などに比べ、食塩耐性、乳酸耐性、高濃度糖耐性などが強いことがわかった。

(1) 菌体外へプロテアーゼを分泌

分離した野生酵母が菌体外に酵素を分泌するか否かは、とても大きな意味を持っている。もし酵母が菌体外にプロテアーゼ（タンパク質分解酵素）を分泌するとすれば、食品工場廃水中に含まれるタンパク質の処理が高負荷でも可能となるので、とても有用である。

表6　野生酵母の主な超能力

(1) 超多酸性酵母（AN-109）と協会7号酵母（清酒酵母K-7）の生成酸量（mg/l）の比較

有機酸	菌株	
	AN-109	K-7
酢酸	3,900	290
乳酸	22,480	720
コハク酸	970	1,010
リンゴ酸	430	痕跡
α-ケトグルタール酸	痕跡	痕跡
クエン酸	痕跡	痕跡
ピルビン酸	550	210

(2) 樹液酵母の諸耐性試験

菌種／供試区分（%）	糖（%）	乳酸（%）	食塩（%）
H. anomala(*Qercus*)	55～60	2.8～3.0	10～14
H. anomala(*Camellia*)	55～60	3.0～3.2	10～14
H. anomala(*Salix*)	50～55	3.0～3.2	10～14
H. saturnus(*Aesculus*)	30～34	2.0～2.2	10～12
H. saturnus(*Accor*)	24～28	1.7～1.9	10～12
P. membranaefaciens(*Qercus*)	44～48	1.8～2.0	12～13
P. membranaefaciens(*Carpinus*)	44～48	3.0～3.2	12～13
P. membranaefaciens(*Camellia*)	44～48	2.8～3.0	12～13

一般に通常の酵母は糖35%前後、乳酸0.7%、食塩7～8%が限界に近いので、野生酵母は全体的に耐性が強い

しかし、酵素は高分子の化合物である上に酵母の細胞壁は厚いので、そこを透過して菌体外にでてくる可能性はごく稀だとされていた。

ところが、驚くべきことにキャンディダ・プルチュリマKSY-188-5が菌体外に強くプロテアーゼを分泌することを発見した。

そのスクリーニング（多数の野生酵母の中から菌体外にプロテアーゼを出す性質を持った菌を見つける方法）は次のようにして行った。

まず寒天平板培地を用い、プロテアーゼ生産酵母検索の場合には、Wickerham合成培地に単一の窒素源として1％Hammersteinカゼインを加え、pHを3・0、6・5、8・0に調整し、Difco寒天2％を加えた固形培地の表面を乾燥させたものに供試酵母を1白金耳ずつ接種し、30℃で4日間培養した。そして、カゼインの溶解によって生じるコロニー周辺の透明状態により一次スクリーニング株を選択した。プロテアーゼ分泌株の判定は、コロニー付近に全く透明部がないものを（－）、わずかに認められるものを（±）、完全に透明部がみられるものを（＋）、透明部が広がりを示しているものを（＋＋）、透明部が広範囲にわたっているものを（＋＋＋）と5段階に区別し、このうち（＋＋＋）を示した株を通過株とした。

次に、一次スクリーニングを通過した株は単一窒素源として1％カゼインを含む液体Wickerham培地で30℃、4日間培養後、5000rpm、20分間遠心分離を行って培養ろ液を得た。それを酵素液試料として、その酸性（pH3・0）、中性（pH6・5）、アルカリ性（pH8・0）プロテアーゼを測定し、プロテアーゼ活性が強く、その上分泌が旺盛な酵母を選択したのである。これらの酵母は実際に食品加工工場の廃水処理に応用され著しい効果が得られたので、詳しくは後述する。

(2) 芳香生産酵母

ところで、これらの野生酵母を培養していると、培養液から時としてフルーティな芳香が発生し、研究室内がとても清々（すがすが）しくなることがある。これはきっと、分離した野生酵母の中にそのような芳香をつくる酵母がいるに違いないと思っていた。

そこで、多数の酵母を供試して芳香生産株の検索を行ったところ、果物風の芳香（メロン、バナナ、デリシャスリンゴ、カリンのようなもの）を強く生成する9株と、花の香り（バラ、スミレ、ウメ、チンチョウゲなどのようなもの）を感じさせる6株を分離し、その中から特に調和のとれた芳香を放つ5株を選択した。果物風の芳香を生成する3株はいず

表7　芳香生産野生酵母の生成した香気成分

（単位：ppm）

成分	分離株					対照株					
	N-1	K-317	K-319	KSY-220-2	K-194	H. a	P. f	D. h	C. u	C. t	K-7
アルコール類											
エチルアルコール	2107	2974	2190	12070	15838	27853	13065	9960	19869	982	44606
n-プロピルアルコール	3.36	2.61	2.96	16.17	9.46	11.20	10.55	9.21	9.46	2.37	19.12
イソブチルアルコール	11.47	5.85	7.30	25.44	20.66	16.81	15.87	7.64	18.36	3.04	41.55
n-ブチルアルコール	2.65	4.32	2.38	3.52	2.48	2.40	3.18	1.65	3.00	痕跡	3.66
イソアミルアルコール	21.96	15.70	9.97	58.49	49.55	64.71	59.73	32.70	58.06	10.69	99.10
n-ヘキシルアルコール	痕跡	痕跡	痕跡	—	—	—	—	—	—	—	—
n-オクチルアルコール	痕跡	痕跡	痕跡	—	—	—	—	—	—	—	—
β-フェニルエチルアルコール	6.01	5.63	5.56	16.21	17.90	8.03	5.06	2.65	3.16	痕跡	9.80
エステル類											
酢酸エチル	102.65	67.08	53.80	218.11	250.42	538.01	137.32	15.32	35.55	8.15	38.45
酪酸エチル	5.69	4.29	5.02	2.96	2.64	2.54	1.22	痕跡	痕跡	痕跡	1.08
吉草酸エチル	3.66	3.97	4.80	2.32	2.60	1.32	痕跡	痕跡	痕跡	痕跡	1.66
カプロン酸エチル	7.06	7.87	8.02	9.99	9.05	8.94	7.32	4.19	5.33	痕跡	12.08
カプリル酸エチル	7.81	6.92	6.00	4.16	3.12	4.33	2.20	2.24	3.96	痕跡	6.34
カプリン酸エチル	5.17	7.10	6.45	6.08	6.46	3.20	2.16	痕跡	痕跡	痕跡	4.69
ラウリン酸エチル	痕跡	痕跡	痕跡	痕跡	痕跡	痕跡	痕跡	—	痕跡	—	痕跡
乳酸エチル	1.06	1.02	痕跡	1.11	1.46	1.62	痕跡	痕跡	痕跡	—	痕跡
コハク酸ジエチル	8.64	2.05	1.69	痕跡	痕跡	痕跡	痕跡	—	痕跡	—	痕跡
酢酸 *n*-プロピル	2.21	6.52	1.72	痕跡	痕跡	痕跡	痕跡	痕跡	痕跡	痕跡	痕跡
酢酸イソブチル	6.33	10.63	10.09	3.30	4.08	2.19	1.97	痕跡	1.05	痕跡	4.20
酢酸イソアミル	10.29	16.29	13.06	8.40	15.87	1.43	痕跡	—	痕跡	—	4.69
酢酸β-フェニルエチル	3.70	4.48	5.38	8.66	8.70	1.70	痕跡	—	痕跡	—	1.26
カプロン酸イソブチル	痕跡	1.40	痕跡	痕跡	1.20	痕跡	痕跡	—	痕跡	—	痕跡
カプリル酸イソブチル	痕跡	痕跡	痕跡	痕跡	痕跡	痕跡	痕跡	—	痕跡	—	痕跡
カプロン酸イソアミル	痕跡	痕跡	痕跡	痕跡	1.20	痕跡	痕跡	—	—	—	痕跡
カプリル酸イソアミル	痕跡	痕跡	痕跡	痕跡	痕跡	痕跡	痕跡	—	痕跡	—	痕跡

（注）　N-1, K-317, K-319：*Geotrichume candidum*, KSY-220-2, K-194：*Hansenula saturnus*, H. a：*Hansenula anomala* IFO 0127, P. f：*Pichia farinosa* IFO 0495, D. h：*Debaryomyces hansenii* IFO 0094, C. u：*Candida ulilis* IFO 0396, C. t：*Candida tropicalis* IFO 0006, K-7：*Saccharomyces sake* RIB 6002,—：検出されず

れもジェオトリカム・キャンディダム、花の匂いを放つものは2株ともハンゼヌラ・サターナスであった。

これらの酵母の生成した主要香気成分を右表に示した。分離した酵母は、対照したものに比べて芳香性エステル類の生成が圧倒的に高いことがわかった。これらの結果、野生酵母菌群の中には将来、芳香物質の生産（微生物フレーバー）に応用できるものも存在していることを知ることができた。

(3) 色素脱色酵母

分離した野生酵母のなかにはアゾ色素（合成染料の成分）を分解して脱色する画期的性質を持つ菌も発見された。スクリーニングによって選択された株のうち、特に脱色性のすぐれたキャンディダ・クルベータAN-723の場合、基質色素（クリソイジン）濃度0・1％を含む液体Wickerham培地で30℃、48時間の振とう培養により、色素を100％分解して無色とした菌も発見された。

この株は広島県豊田郡瀬戸田町（現・尾道市）の山中のキジの糞が分離源である。栄養細胞の形は楕円形あるいはソーセージ形であり、皮膜を形成していた。また擬菌糸を形成し、胞子は形成しない。硝酸塩を資化せず、糖の発酵性はなく、メリビオース、D-アラビノースを資化しない。また、その他の諸性質が「The Yeasts」第3版の記載と一致することからキャンディダ・クルベータと同定したのである。クリソイジンのほかニューコクシン、アマランス、タートラジン、メチルレッドといったアゾ系色素も分解するが、酵母間に基質特異性の違いがみられた。なお、アゾ色素クリソイジンを分解して脱色したAN-723の培養液をUV-160でスペクトル分析したところ、培養前に確認されていなかったアニリン及び1、2、4-トリアミノベンゼンが検出されたことにより、アゾ結合部位を切断したことによるアゾリダクターゼの作用による脱色とわかった。この反応はAN-723の持つアゾ色素還元酵素によって生ずることも確認した。

また、野生酵母の中には、酵素のアゾリダクターゼで色素が完全分解されるのではなく、色素成分そのものを菌体が吸着してしまうために着色液を無色透明にするという、これまた奇妙な性質を持つ超能力菌も現れた。

なお、アゾ色素を脱色する野生酵母は、全試供野生酵母2250株のうち541株で、そのうち完全に色素を分解し、無色にしたのはAN-723株のみである。

5. 有用野生酵母研究会の発足

このように、樹液や鳥獣糞から分離した野生酵母は、これまで知られていた通常の酵母の性格とは大いに異なるさまざまな性質を持ち、何でもよく食べ（資化し）、分解し、いろいろなものを造ることがわかった。

このことを共同研究者の小玉博士と共に、幾つかの学会で講演をしてきたところ、次第に微生物学者の関心を引くこととなり、より野生酵母の研究を広げて、その有用性を応用の面までも広めて行こうということになった。

そこで私の研究室が事務局になって「有用野生酵母研究会」が設立された。

用いた手法は、遺伝子組み換え、プラスミドの導入、突然変異の誘起といった、いわゆるニューバイオテクノロジーによることなく、昔のままのオーソドックスな微生物の蒐集と分離だけである。研究費も特別な設備もあまり必要とせず、こんなに有望な菌を手元に収めることができたのだから、これほど楽で有利なことはない。

人間が、微生物の生き様や性質を科学の力でコントロールし、思い通りの生物をつくり上げようとしても、そう簡単に行くものではない。ところが地球上の自然界には、無限ともいえる微生物が生息していて、それらの中にはまだまだ人間に発見されていない有用な微生物も無数にいる。だからこそ、このような研究会は今後の微生物の応用には重要ではなかろうか……というのが、この研究会の発足理念である。

会長には東京大学農学部教授（当時）の田村学造博士（その後東京大学名誉教授、恩賜賞・日本学士院賞、文化功労者）が就任してくれた。当時田村博士は、東京大学農学部農芸化学科発酵学教室を支えていた世界的な微生物学者であった。この研究の将来性への期待がいかに大きいか、推して知るべしであった。私は事務局長を担当し、共同研究機関として東京農業大学農学部醸造学科発酵化学研究室、東京大学農学部農芸化学科発酵学教室、国税庁醸造試験所第6研究室、小玉発酵化学研究室の4機関。団体会員は国内の微生物・発酵関連会社約30社、一般会員（主として微生物研究者）約120人で発足したのであった。

この会はその後、樹液酵母や鳥獣糞酵母のみならず、海洋、南極、東南アジア、中国、ブラジルにまで地域を広げて有用野生酵母の分離と有用株の検索を行い、多くの成果を得た。以下にその中で特筆すべき結果をまとめて列記する。

㋑海水及び海藻などから海洋酵母を多数分離し、その中には耐塩性を有したパン酵母サッカロマイセス・セレビシエY－1095が発見された。それでパンをつくったところ、市販のものより風味とふんわりとした感触が好評で、この株は現在、大手パン酵母製造会社より市販されている。

㋺南極ではサウスホークから3株、バンダ湖より10株、ラビリンスで9株、ロス島より4株の計26株の野生酵母を分離。0℃で生育するものが大部分だが、生育限界温度は30℃で低温性酵母であった。このような酵母は将来、北海道のような寒冷地での廃水処理に実用化される可能性を示唆した。

㋩一般的に酵母は多糖類分解酵素をほとんど生産しないが、生デンプンや木質の多糖類を分解する担子菌系不完全酵母クリプトコッカス属に分類される野生酵母を土壌中より分離した。この酵母はα-アミラーゼ、グルコアミラーゼ、β-アミラーゼ及びプルラナーゼのようないわゆる枝切り酵素を生産し、それらの酵素はいずれも生デンプンに対しての吸着性を有する珍しいものであった。

㊁前述したが、野生酵母でありながら、乳酸菌の乳酸生産量に負けないほど多量の乳酸を生成する超多酸性酵母クリュベロマイセス・サーモトレランスＡＮ－１０９を鳥獣糞試料から分離した。この菌は乳酸を多量につくるだけでなく、エチルアルコールの発酵にも強いという驚くべきタフネス菌で、この酵母の乳酸生成メカニズムも解明した。

㋭タイ及びブラジルは熱帯・亜熱帯地域に属し、年間平均気温は26～28℃と日本の16・1℃よりも約10℃以上高い。そのような国の野生酵母を、現地の土壌、廃水、花、果実などから分離した。タイからは、66試料から４２３株の野生酵母を分離し、その中には高温度下でエチルアルコール生産能の強い菌や、フェノール化合物の変換能を有する菌などを見出した。中でも特筆すべきことは、タイとブラジルの両国から分離した酵母の中に、強いキラー性を有する株が見出されたことである。タイでは４２３株から37株が、ブラジルでは１４６株から16株が分離されている。

「キラー酵母」とは、酵母のことで、自分以外の酵母を死滅させる特殊能力を持った酵母で、野生酵母に特に多い。たとえば日本では、酒造りの醪（もろみ）の中に偶然キラー野生酵母が侵入し、発酵していた清酒酵母あるいは焼酎酵母を全滅させたといった例がある。キラー酵母は、キラー因子、すなわち相手を死滅させる物質を生産して攻撃するもので、その物質は特殊なタンパク質（キラー毒素）でできている。

キラー酵母はそのキラー毒素を放つと、相手の酵母の細胞膜にそれが結合してしまうため、攻撃を受けた酵母はアミノ酸などの栄養源の吸収が阻害され、死滅に至るのである。キラー酵母はキラー因子に対する免疫機能を持っているため、自らは身を守ることができる。将来、このキラー酵母に多量のキラー因子をつくらせれば、新しい抗生物質の開発につながると考えられる。

6. 分離した有用野生酵母の工業規模での実用化

これまで述べたように、樹液あるいは鳥獣糞、さらにタイやブラジル、その他自然界から分離した野生酵母には、生理的に特殊な性質を有するものが際立って多く存在することがわかった。その中から、特に有用な菌をピックアップし、さらにさまざまな試験を施して実用化に入った。以下に、実際に工業的規模で行った日本酒製造工場での廃水処理と、鹿児島県枕崎市での鰹節工場の廃水処理について紹介しよう。

（1）日本酒製造工場での実証プラント

野生酵母の中にはデンプンや脂質を分解・資化したり、さまざまな高分子物質（タンパク質や多糖類）を分解・資化するといった特殊な生理作用を持つ菌が多数存在していた。そうした性質が特に強い野生酵母を分離した。それらの菌は言い換えれば雑食性であり、大食漢でもあり、また少々厳しい環境でも生き抜ける力を持っている。

そこで有用野生酵母研究会はそうした酵母を環境浄化発酵に利用すべく、まずは日本酒工場から出る廃水の処理実験を行うことにした。

一般に食品工場での廃水にはタンパク質や糖、脂肪などが含まれていて、その含有量も多く、1万ｐｐｍ（1％）から5万ｐｐｍ（5％）を含んでいる。これまでの食品工場の廃水処理は、例外なく細菌（バクテリア）で行ってきた。酵母はそれらの有機物を直接分解・資化できないと思われていたので、もっぱらバクテリアが用いられていたのである。

ただし、バクテリアは、あまりに有機物（栄養物）が多いと負荷がかかり、増殖と成長が停止する。そのため廃水を大量の水で希釈してやらなければならず、施設の大型化や水の大量消費を余儀なくされていた。

図 13　野生酵母による酒造廃水処理

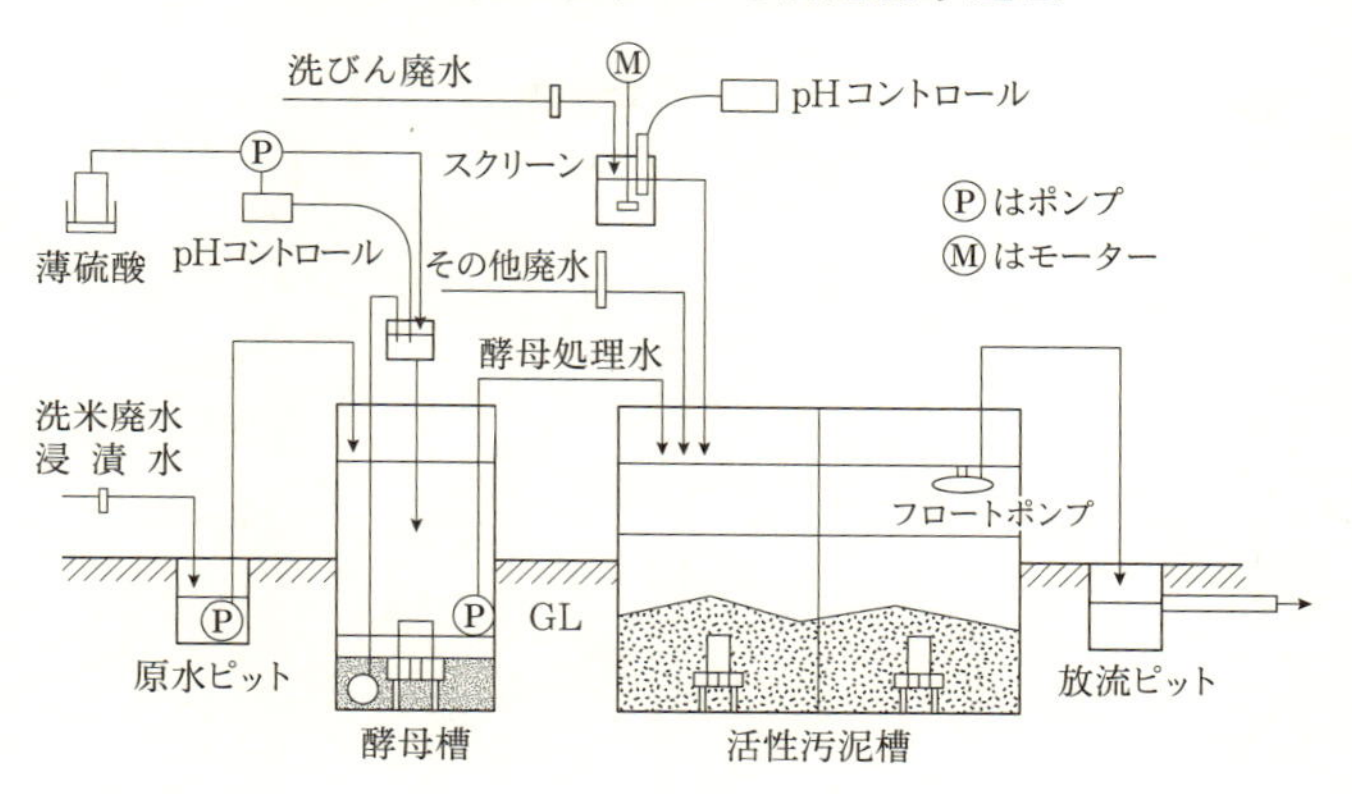

清酒製造廃水の性状

	工程廃水	水量 (m^3)	COD (ppm)	BOD (ppm)	SS (ppm)
総廃水量 50 m^3/日	米処理工程	15	1500〜3000	2000〜5000	1500〜3000
	びん詰め工程	20	50〜100	100	
	その他廃水	15	500	800〜1 000	500

酵母による酒造廃水の COD 除去率（%）

菌　　株	洗米 400 ppm	洗米 600 ppm	洗米 1000 ppm	洗米 3000 ppm
H. anomala AM-6-6	57.0	47.2	90.4	89.1
Y-1-20-1	73.5	69.2	92.8	91.8
P. acaciae AM37W	78.3	54.6	69.0	56.6
P. nakazawae LKB335	91.3	86.2	89.7	87.8
D. hansenii D-N	74.2	47.2	89.2	72.9
S. cerevisiae BY-1	81.9	86.1	89.1	84.0
Candida sp. As-22	96.1	72.4	81.7	82.4
As-110W	88.2	61.8	96.7	92.5
As-50	90.5	80.7	80.7	79.3

そこで、大食漢の野生酵母を使ってまず処理し、有機物を少なくしてからバクテリアで処理すれば、これまでの問題は解決するという発想に至った。

まず、樹液酵母や鳥獣糞酵母から得られた野生酵母のうち、スクリーニングで最もCOD(化学的酸素要求量)物質を低下させる菌数株を選抜し、それを処理菌として全国数ヵ所の酒造会社にモデルプラントをつくり、処理を行った。これらの菌は低温でも増殖は旺盛で、日本で酒造りは冬期であるからとても都合がよい。また予備試験では廃水中のCOD400~6000ppmの範囲では、90%以上CODを除去する有用菌であった。酒造期がはじまる11月末から工場内で処理試験を行い、処理温度を10~15℃の範囲に設定し行った。

その結果、3000ppmCODの廃水に対し、90%以上の除去を示す菌を2株特定し、実験は大いに成功するものとなった。

この酵母での処理は、今日でも全国の酒造工場で稼働している。

(2) 鰹節製造工場での実証プラント

一般に酵母は、油脂はともかくタンパク質を分解、資化しないとされ、これらに関する研究報告もほとんどなかった。しかし野生酵母のなかには雑食性に富む株も多数存在しており、これらを利用する廃水処理の可能性を探った。

魚肉加工工場の廃水は原料に由来する血液、臓器片、脂肪、窒素化合物などの種々雑多な有機化合物を多量に含み、ＢＯＤ（生物化学的酸素要求量）・ＣＯＤ値が非常に高いため生物処理だけでは困難で、これに関する報告も数が少ない。特に鰹節製造工場から排出される廃水は数万ｐｐｍとＣＯＤが極端に高く、処理方法の改善が望まれてきた。

一般に、食品加工工場より排出される廃水の生物的処理にはこれまで活性汚泥法、メタン発酵法など全てが細菌で行われてきたが、多くの場合廃水の濃度が高く高負荷であるため、その処理には処理施設の大規模化や微生物管理に熟練を要するなど実際上の問題が多く残っている。

一方で私たちは、樹液酵母や鳥獣糞酵母から分離した野生酵母の中に、菌体外にプロテアーゼを分泌してタンパク質を分解し、得られたアミノ酸を菌体内に取りこんで栄養源やエネルギー源とする酵母を多数分離し、また同時に油脂を分解する野生酵母も多数分離した。

そこでそれらの株の中から最も期待しえる鰹節製造廃液のＣＯＤを最も除去（除去率

74・3％）でき、かつ菌体外のプロテアーゼ活性も高いハンゼヌラ・アノマラNo.48（この菌は油脂分解能も優れている）を選び、何度かの机上実験プラントを繰り返した後、鹿児島県枕崎市内の鰹節製造工場において、内容積200リットルの処理槽によるミニプラントを作成、連続処理を試みた。

装置の概要を左の図に示す。通気管、攪拌装置、pH自動調整装置、温度調整装置を設置し、まず廃水（COD_{SS} 40640ppm、COD29840ppm）を100リットル処理槽に入れ2日間酵母を馴養後、3日目からは連続的に廃水を2・5リットル／hの割合で処理槽に注入し、同量の処理水を排出した。本試験は2月中旬から3月中旬の30日間にわたって行った。

結果を図下段に示した。処理水は3日目からはその色調が変化し、黄褐色だった廃水が次第に淡黄色に変化し、臭気も鰹の魚臭が薄れた。処理水は処理開始後2日目から2200ppmとなり、5日目からは1万9000ppm前後を推移した。SS（浮遊物質量）を除いたCODも同様の傾向を示し、5500〜7000ppmを推移し安定であった。また、酵母数は2日間の馴養ですでに10^8／ミリリットルになったが、処理開始5日目で4×10^8／ミリリットルを越える数になった後は、3〜4×10^8／ミリリットルを推移

図 14　鰹節工場の廃水処理実験

ミニプラントの装置の概要

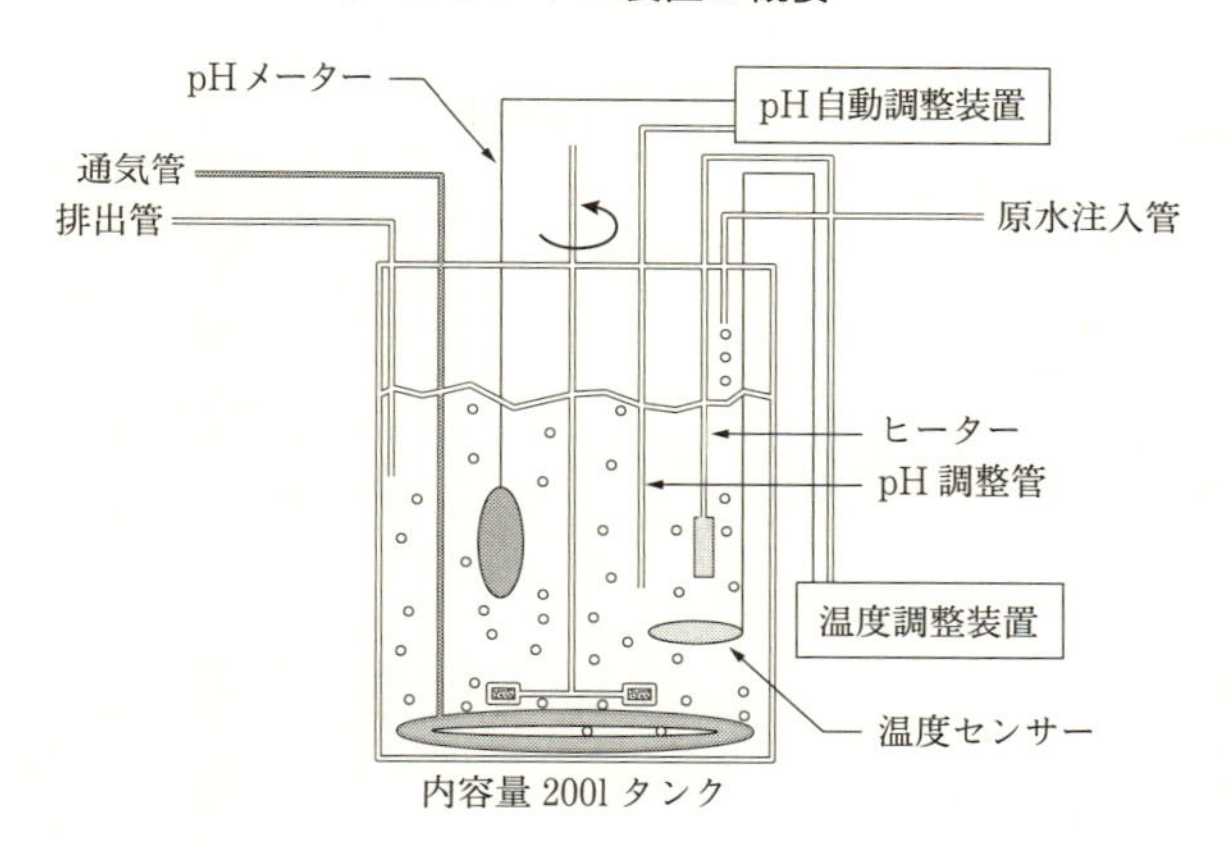

H. anomala No. 48 を用いた鰹節製造工場における廃水の連続的処理

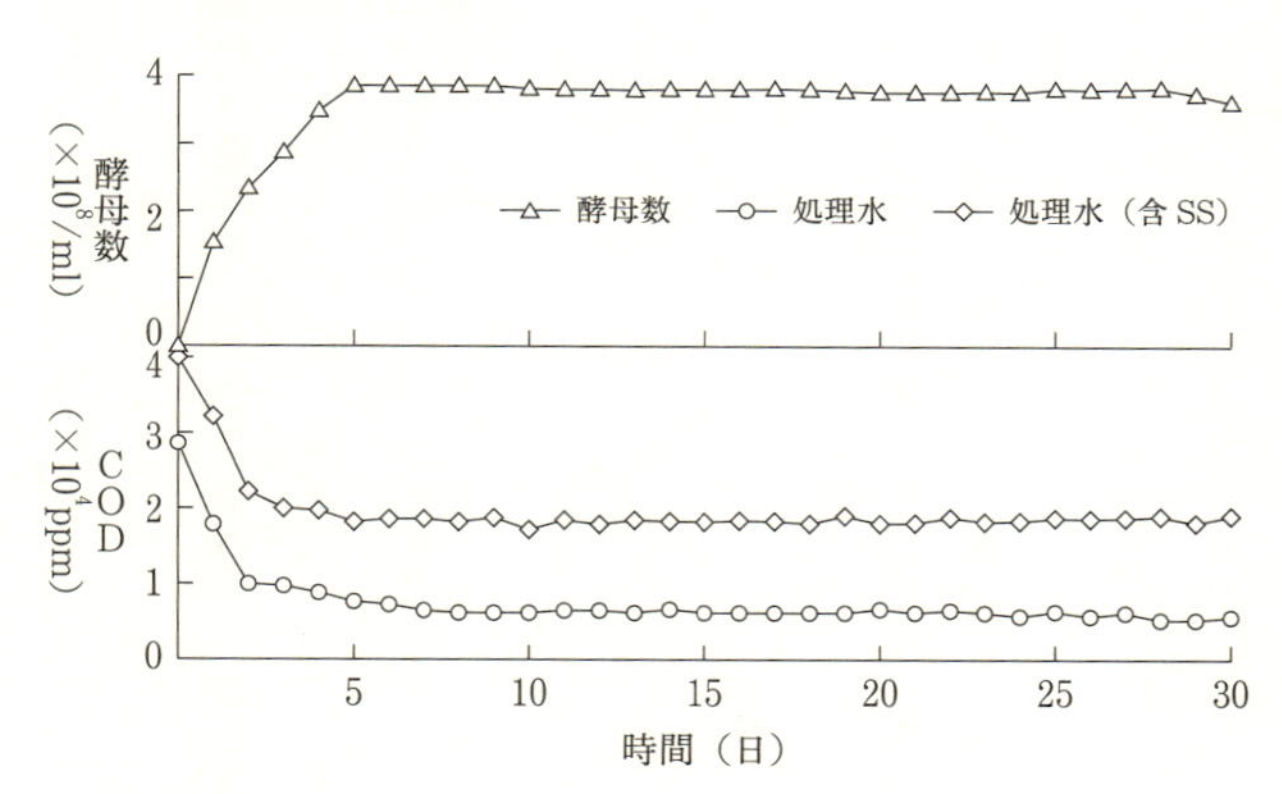

した。7日目からはバクテリアの存在が少数認められたが、処理水の設定pHが4・0と低いためか、それ以上の増殖は認められなかった。

本ミニプラントは酵母を用いての単純な一次処理槽のみであるにもかかわらず、その結果は半連続処理試験での結果よりも良好な結果となった。このように、野生酵母を使うと、高負荷な状態の廃水でも連続して処理が可能となることがわかった。この画期的なプラントはその後、工業規模でつくられて実用化に貢献している。

野生酵母よ、ありがとう！

有用野生酵母研究会は、その後大きな発展を遂げた。なかには人間の活力に重要な働きをする成分（例えばコエンザイムQ）を多量に生産する菌も発見されて実用化されたり、洗剤用酵素の生産などにも対応したりとさまざまであった。そしてこれら一連の野生酵母の研究結果は日本農芸化学会誌や生物工学会誌、日本食品工学会誌などの学術誌に多数掲載され、また学術講演でも私が共同研究者として名を連ねただけでも55件を数えた。

この間、野生酵母たちにはすばらしい夢を見させてもらった。そしてこの有用野生酵母研究会は、発足して15年間もの間、活発な活動を行ってきたが、その役割は十分に果たしたものとして、解散した。

これまで述べてきたように、樹液や鳥獣糞に生息する野生酵母群をとりあげて研究してみただけでも、興味深い生理的諸性質を備えたものが数多く存在していることを見出した。したがって、このような野生酵母の研究をさらに展開して行くことは将来、多くの発酵工業に応用されることは十分に考えられる。

ニューバイオテクノロジーの手法に大きな期待がかけられている今日であるが、遺伝子の操作や細胞融合によって新規の有用微生物がそう簡単に造成されるものではない。われわれの研究のように、まず応用微生物学の最も基礎的作業である自然界からの菌株の分離というオーソドックスな手法によって特殊な性質をもった菌株を選択したうえで、その性質をたたき台や手がかりとしたニューバイオテクノロジーの展開を行ったほうが、より確実で速い展開が期待できるものと考えている。

第5章　超能力微生物が人類を救う

1．FT革命

発酵が人類の未来を変える

今、世間はIT革命に大騒ぎしている。周知のようにITとは情報技術のことだが、携帯電話、インターネット、電子メール、衛星通信網など、この技術に関わるものは枚挙に暇がない。これからも、ITが私たちの生活に直結するのは確実である。まあせいぜい、ITに振り回されない安静な生活も残っていくことを望んで止まないところだ。

さて、このIT革命に対して、もうひとつ極めて重要な技術革命がやって来るであろうことに気付いている人は少ない。

私が世界で最初に提唱した「FT革命」のことである。21世紀はまさにこのFTが地球と人類を救うのだ。Fとは発酵（Fermentation）、Tは技術（Technology）のことである。この考えは2002年に『FT革命』（東洋経済新報社）として上梓している。

21世紀に人類が直面する重大問題をキーワードとして挙げるならば、地球と人間生活を取り巻く「環境」、「食糧」の生産、人間の「健康」、そして新規「エネルギー」の創造の4つであろう。この重大かつ不可避の問題を、人間と地球に優しい方法で解決するとするならば、目に見えない小さな巨人たち、すなわち発酵微生物の応用に頼るしかない、と私は考える。

まず「環境」問題へのアプローチだ。ひとつの例は生ゴミの対策である。生ゴミや人畜の糞尿などは、これまで焼却、海洋投棄、埋め立てといった方法で処理してきた。そのため、ダイオキシンなどでの土壌汚染や、大気汚染、地球温暖化、海洋汚染などが拡がった。しかし、相変わらず生ゴミの90％以上はゴミ焼却場で燃やされている。これ以上の汚染や温暖化をくい止めようとするならば、生ゴミを廃棄物ではなく資源としてとらえ、発酵によって肥沃な土づくり（堆肥）の原料とすることだ。それによって、農業そのものの活性化と再構築も可能になる。

次に「食糧」の生産は、微生物タンパクの製造といった発酵技術を使った例や、アミノ酸などの発酵生産が考えられる。

そして人間の「健康」については、新たな抗生物質の発見や、新規の制ガン剤や抗エイズ剤といった難病治療に有効な薬剤を発酵によって開発することが挙げられる。これは人間のみならず、鳥インフルエンザや牛のBSEも対象になる。

さらに「エネルギー」では、新規無公害エネルギーの微生物による生産がある。たとえば水素細菌の応用による無公害エネルギー生産や、生ゴミから炭化水素（石油類似物）を発酵生産する発酵菌の応用などである。

以下に「FT革命」をふまえながら、これからの地球や人間にとって必要となるであろう超能力微生物について述べる。

2．環境分野

ゴミ処理は微生物におまかせ

家庭から出る生ゴミや糞尿（ふんにょう）、工場から出る有機性廃棄物、デパートやスーパー、コンビニから出る消費期限切れの食品、酪農家から出る畜産廃棄物、一般農家から出る農業廃棄物などの廃棄物は、これまで燃やすか、海洋に投棄するか、あるいは山中に穴を掘って、埋めるかの3つの方法がとられてきた。

しかし、焼却は大気汚染を引き起こすばかりか、その残灰からはダイオキシンや環境ホルモンなどの危険物質が溶け出してくる恐れがあるので、厳しい条件が付帯されている。一方、海洋への投棄は海洋汚染の問題があるため、国際法上の観点からも規制された。山に埋めることは、汚染物質の溶出の恐れがあるほか、埋める量にも限界がある。

では一体、今後どうすればよいのか。この問題解決の道筋を与えてくれるのは微生物だ。福島県須賀川市にある環境企業「平和物産」は、巨大な発酵システムを用いて微生物で生ゴミを処理し、わずか25日間で完璧（かんぺき）な堆肥（肥沃な土壌）にすることに成功した。従来の堆肥づくりには、完成するまで４、５年もかかるのに、このシステムではそれを１ヵ月足らずに短縮したのである。

得られた肥沃な土は近隣の農家に分け、農家はその土を使って農薬を使わず、すばらしい米や野菜を収穫し、高い収益を上げているという。

この堆肥生産システムは実に巨大で、長さ１００メートルのかまぼこ型の発酵槽が２つあり、最大で１日１２０トンもの生ゴミが処理できる。そしてここでも超能力微生物が活躍し、発酵温度は最高95℃まで上昇しても、高温耐性微生物たちは有機物を資化し、無機物（土）に変換しているのである。このような施設がどんどん増えれば、生ゴミの処理は一層簡易化されるだけでなく、公害問題はなくなる。そして、得られた肥沃な土は、有機農業の堆肥に使い、余ったら山に戻す。するとそのうちに、山だけでなくその下の畑や田圃まで肥沃になり、そして川や海まで豊かになるのだ。

また将来、ビニールや発泡スチロール、プラスチック、ポリスチレン、ポリエステル、合成ゴムなどの石油製品を分解、資化できる超能力菌が分離されれば、環境問題の革命的貢献につながる。微生物研究者はこの分野での研究もぜひ図って欲しいものである。

一方、大気汚染も深刻さを増している。二酸化硫黄（SO_2）、一酸化炭素（ＣＯ）、浮遊粒子状物質（ＳＰＭ）、二酸化窒素（NO_2）、光化学オキシダント（Ｏｘ）などを選択的に吸収、資化、分解が強くできる超能力微生物の分離、応用も待たれるところである。

水質汚染も広がっているが、工場などの廃水は、酵母処理法や活性汚泥法（細菌処理）がかなり進んで、今はほとんどが微生物処理になっている。負荷重量が高いと増殖や繁殖が止まってしまうという宿命を背負った細菌だが、今後、廃水中の有機成分（ＣＯＤ）が５０００ｐｐｍとか１万ｐｐｍでも資化し増殖ができるといった夢の細菌が出現すれば、画期的な処理ができる。さらに、船舶事故などによる海水や沿岸の重油汚染もある。石油を資化する菌は現段階でも発見されているものの、もっと短期間で効率よく分解してくれる超能力菌が発見されれば、二次汚染も免れることができる。

いずれにせよ将来、FT革命を起こすためには、今述べたような超能力微生物の出現が、その推進力となってくれるので期待したい。

3．医療・製薬の分野

未知の抗生物質

1941年、ストレプトマイシンの発見者ワックスマンによって提唱された「抗生物質(antibiotics)」という名称は今日、「生物、特に微生物によって生産され、微生物その他の生活細胞の機能を阻止する物質」と定義されている。

2種類の微生物を同時に同一培地で培養した時、そのいずれか一方の増殖が阻止される現象を拮抗現象(antagonism)という。この現象は1877年、パスツールによって炭素菌が別の菌により抑制されることから発見された。そして1929年、イギリスのフレミングによって青カビからペニシリンがつくられて、これを臨床に用いたのが今日の抗生物質のはしりであった。

そのフレミングから約90年、この分野での発酵工業の驚異的発展は、地球上の人間を数限りないほど救ってきた。現在はペニシリン系、セフェム系、マクロライド系、アミノグリコシド系、カルバペネム系、テトラサイクリン系、リンコマイシン系、ニューキノロン系などに分けられて、4000種以上の抗生物質が発見され、3万以上の誘導体がつくられ、そのうち毒性や安定性に欠けるものを除いた数百種が発酵生産されて実用化が行われている。代表的なものはペニシリン（β-ラクタム系）、ストレプトマイシン、クロラムフェニコール、テトラサイクリン、カナマイシン、リファマイシン、エリスロマイシン、アクチノマイシン、ナイスタチン、ポリオキシンなどで、患者の症状に合わせて使いわけられている。特に最近では、制ガン剤のマイトマイシン、アクチノマイシン、ブレオマイシン、ドキソルビシンなどが注目を集めてきた。

人間の治療ばかりでなく、農薬としての抗生物質の実用化も近年活発に行われている。イネイモチ病へのブラストサイジンやカスガマイシンなどは日本で発明された著名なものである。

抗生物質は医薬や農薬のほか、今日では飼料（家畜や栽培漁業などでの動物の発病防止や防腐)、生化学研究用の細菌細胞壁生合成阻害物質(サイクロセリン)、タンパク質合成阻害剤(クロラムフェニコール)、核酸生合成阻害剤(アクチノマイシンDやマイトマイシンC)など、多くの用途にも利用されている。

ただし、全ての抗生物質とは言わないまでも、大半のものには副作用という欠点がある。もし将来、副作用のない抗生物質を産出する微生物が取得できれば画期的なこととなる。また抗生物質の宿命として、多くの抗生物質には「耐性菌」が多数出現している。なかでもR因子をはじめとするプラスミド支配の薬剤耐性遺伝子を有する耐性菌の出現は、これら抗生物質の効力を減殺するものであり、今後対策を考えなければならない問題である。今後、耐性菌の出現すら許さない抗生物質を生産する菌が得られたら、医学・薬学の分野では劇的な貢献を果たすであろう。

自然界にはまだまだ人間が未利用の微生物は数え切れないほどいる。2015年にノーベル生理学・医学賞を受賞した大村智博士は、土壌からさまざまな微生物を分離し、その中の放線菌ストレプトマイセス・アベルメクチニウスが寄生虫(線虫類)の生育を阻止する16員環マクロライド化合物をつくることを発見、これをエバーメクチンと命名した。さまざまな寄生虫やダニの幼虫などにごく微量で効き、またこの成分はヒトのオンコセルカ症（熱帯地域83カ国に1億2000万人の患者がいる。河川で繁殖するブヨが媒介する河川盲目症で、ブヨに運ばれてきた回旋糸状虫の幼虫が目に入ると失明する病気。WHOの発表で失明者27万人、視覚障害者50万人）に特効性があり、多くの人たちを救った。この大村博士の研究も、土から分離した超能力微生物であったのだ。

2016年にノーベル生理学・医学賞に輝いた大隅良典博士は、いろいろなところから分離した酵母菌体から液胞を多数集めて機能を解明しているとき、細胞が不要になった自分の細胞を分解して再利用するというオートファジー（自分を食べること）現象を発見し、これがうまく働かないとパーキンソン病や2型糖尿病、ある種のガンの疾病につながることを見出したのである。この研究対象も、初めは分離した酵母であったのだ。野生に生息する微生物の可能性はまだまだ残っている。

人喰いバクテリア、エボラ出血熱……

ありふれた病気にも特効薬がないものが多くある。たとえばインフルエンザやヘルペス、風疹、帯状疱疹、ムンプス、ポリオ、麻疹（はしか）といったウイルス性疾患、ベロ毒素を産生する腸管出血性大腸菌O-157やコレラ、腸チフス、パラチフスなどの細菌感染症にも今のところ劇的に効く薬はない。

また、人喰いバクテリア（劇症型溶連菌）は、突然発症し死に至るもので、最近急激に増加している。溶連菌とは溶血性連鎖状球菌のことで、赤血球を破壊するストレプトリジンOという毒素をつくる、とても恐ろしい病原菌である。信じがたいスピードで赤血球を破壊し、その壊死スピードは1時間に約2～3センチメートル。早い場合は発症してから24時間で死に至ることもあるという。しかし、これといった治療法も特効薬もない。

ほかにエイズやエボラ出血熱、重症急性呼吸器症候群（SARSやコロナウイルス発症病）なども含め、恐ろしい疫病はこれからも次々に登場するだろう。こうした感染症は微生物によって制するという基本を忘れずに、超能力微生物を追い続ける必要があろう。

一方、人間だけでなく家畜や野生動物にも奇病が発生している。鳥インフルエンザやニューカッスル病、豚の日本脳炎や狂牛病などには有効な治療法や特効薬が無く、ほとんどが殺処分されているのが現状である。今後の大流行に備えて、こちらも超能力微生物の出現が早急に待たれるところである。

また、現代の医療や薬剤の中で注目されていることのひとつに、微生物起源の「酵素」がある。デンプン分解酵素（アミラーゼ）やタンパク質分解酵素（プロテアーゼ）、油脂分解酵素（リパーゼ）、繊維分解酵素（セルラーゼ）などは主に糸状菌や細菌を使って生産し、すでに胃腸薬に加えられて胃腸の弱い人の消化を助けている。

近年では、その酵素がさまざまな病傷に治療剤あるいは人体代謝物質の迅速定量剤として用いられている。たとえば細菌のセラチア・マーセスセンスによるセラチアプロテアーゼは消炎剤に、大腸菌エスケリチア・コリによるアスパラギナーゼは白血病の治療に、最近のブレビバクテリウム・ステロリカムによるコレステロールオキシダーゼはコレステロールの定量や遺伝子工学研究の試薬に使われている。微生物のつくる酵素は夥しい種類に及ぶので、これからさらに超能力を有する微生物が発見されれば、新規の治療用酵素の出現も極めて有望となるだろう。

また、今日病院で検査を受ける際、採血と採尿の結果が短時間のうちに50項目以上の「検査詳細情報」として数値化され、手渡される。あれだけ多くの項目が短時間のうちにわかるのは、その多くの分析に微生物起源の酵素によるバイオアッセイ（バイオセンサー）法が使われているからである。その原理は、測定対象物質を識別する生物素子とその反応を化学的に、あるいは物理的に感知して電気信号に変換する部位（トランスデューサー）から構成されていて、生物素子としては酵素や微生物菌体が主に使われている。

具体的には、血液中のグルコースやコレステロール量を分析するため、微生物が生成するグルコース酸化酵素やコレステロール酸化酵素が生物素子として使われている。血糖値の測定は糖尿病の診断に繁用されているほか、臓器の異常の有無などによるヒトの病気の診断にも使われている。また、血液中のいくつかの酵素活性を測定する必要があるときには、血液中の酵素の基質と複数の微生物酵素との組み合わせで活性を測定できる。

このように、微生物が生産する多彩な酵素は分析用、研究用など、広範囲の分野で利用されている。これらの医療的な酵素の応用は、今後新規の微生物の出現により、さらに新たな分野が開拓され、私たちの健康維持に貢献するであろう。

ビタミン、ホルモンも発酵で

また微生物は、人間の体内ではつくりにくい生理活性物質もつくることができる。生理活性物質とは、生物が本来持っている生理機能を、ごく微量で調節することのできる物質をいい、ビタミン類やホルモンはその代表的物質である。

ビタミンB_2（リボフラビン。成長因子ビタミン。欠乏すると成長が停止し、疲労、食欲不振も起こる）は以前、わが国では米や麦の胚芽などに細菌を培養し発酵によって製造していたが、今日では化学的合成法により得られている。しかし、アメリカをはじめとする牧畜国では、動物飼料の栄養強化を目的として、今日でも盛んに発酵法によるビタミンB_2の生産が行われている。

ビタミンB_{12}も動物の成長に必要な因子であるが、高等の動植物では合成できず微生物だけが生合成する能力を持っている。したがって微生物の生産に頼る以外に方法はなく、プロピオン酸菌やシュードモナス菌などによって発酵生産されている。生産量は培養液1リットル当たり26ミリグラム以上であるが、最近、それよりもはるかに生産量を高める菌の育種に成功し、応用されはじめている。

副腎皮質ホルモンの一種コルチゾンが関節リウマチの治療に著効を示すことが1949年にアメリカの医学者ヘンチによって見出されて以来、これを工業的に製造しようという試みが盛んになされるようになった。これを微生物によって生産するための基礎をつくったのが、1952年、アメリカのピーターソンとミューレーである。彼らはクモノスカビの一種リゾープス・ニグリカンスを用いて、基質のプロゲステロンから非常に簡易にコルチゾンをつくることに成功した。

この研究は、以後のステロイド化合物の微生物転換に画期的影響を与え、コルチゾンより強力なハイドロコルチゾンやプレドニゾンなどのホルモンを、発酵法と合成法との組み合わせによりつくることができるようになった。また、卵巣ホルモン、黄体ホルモン（経口避妊薬にも使用される）などの性ホルモンの合成原料であるＡＤＤ（１、４－アンドロスタジェン－３、17－ディオン）はエリスロバクター・シンプレックスの培養液にコレステロール及び微量の$\alpha\alpha'$－ジピリジルを加えて反応させると60％以上の高収率で得られている。

また、ホルモンの微生物生産と応用は、人間の分野にとどまらない。植物ホルモンの一種であるジベレリンは、動物や微生物にはまったく活性を示さないが、ほとんどの植物には成長の促進、種子の休眠打破などに作用があり、今日、現場的にはレタスやホウレンソウの成長促進、種なしブドウの不稔化、麦芽の製造などに用いられている。このジベレリンは、以前から日本においても発酵生産されてきたもので、その工業的生産はカビの一種ジベレラ・フジクロイをブドウ糖、硝酸アンモニウム、コハク酸などを含む培地で通気培養し、生産している。

こうした生理活性物質は、点滴剤のビタミン溶液あるいはホルモン異常障害、家畜飼料への栄養強化剤などにおいて、今後さらに需要が増すと思われる。そのため、新しい生産能力を備えた微生物の出現も必要となってくるだろう。

輸血のときの血漿増量剤（代用血漿）として知られるデキストランは、ブドウ糖が多数重合した物質のひとつで、水に溶けず、優れた粘度を有し、化学的に安定なものであることから、抗血液凝固剤やリンゲル液濾過剤に使用するなど、医療用にも広範囲に利用される重要な物質である。

これを発酵工業として製造するには、乳酸菌の一種ロイコノストク・メセンテロイデスを10％の蔗糖、酵母エキス、無機塩などを含む原料培養液に培養すると、24時間後には高い粘度を持った多量のデキストランが得られる。面白いことに、このデキストラン発酵を行う乳酸菌の仕事ぶりはまことに忠実で、どこまでも飽くことなくブドウ糖を繋ぎ続け、何とブドウ糖の分子を5万個から10万個も重合させるため、その分子量も数百万から数千万にも及ぶ。したがってそのままでは代用血漿には使用できず（血液中のヘモグロビンの平均分子量は6万8000、アルブミンは6万9000）、これを希薄な塩酸によって加水分解し、平均分子量を7万5000個前後に揃えなおして使うことになる。

ここ数年来、サイクロデキストリンも話題となっている。この化合物は、デンプンを分解してできたブドウ糖が6個、7個、8個の単位で切れ、それぞれ頭と尾が繋がってできたドーナツ状の環状化合物である。サイクロデキストリンは、そのドーナツ状の環のなか

表8　微生物による特殊タンパク質の使用例

タンパク質	起源	生産系の宿主	主な用途
成長ホルモン	ヒト	細菌	**小人症の治療**
インスリン	〃	〃	**糖尿病の治療**
インターフェロンα	〃	〃	**ウイルス性肝炎の治療**
インターロイキン2	〃	〃	**がんの治療**
顆粒球コロニー形成刺激因子（G-CSF）	〃	〃	**顆粒球減少症の治療**
キモシン（凝乳酵素）	仔牛	細菌、酵母	**チーズの製造**
B型肝炎ワクチン	ウイルス	酵母	**B型肝炎の予防**
昆虫に対する毒素	*Bacillus thuringiensis*	細菌	**鱗翅目などの昆虫の駆除（農薬）**

にさまざまな分子を入れると、直ちにカプセル状にその分子を閉じ込めてしまうという非常に便利な性質がある。

たとえばこの環のなかに揮発性の芳香物質（匂い）を入れてカプセル化すると、匂い物質はそのなかに閉じ込められてしまうため、今まで飛散してしまっていた芳香をいつまでも保つことができ、芳香保留剤として役立つ。芳香物質のみならず、医療用の薬剤も閉じ込めて、体内の目的局部まで運ぶことも行われている。今後さまざまな化合物がこの環状カプセルの中に閉じ込められ、ユニークな物質が登場することになるだろう。

このサイクロデキストリンは、前述した

表9　微生物起源によるワクチンの種類と製造法

大別	ワクチンの種類	ワクチンの性状	培養方法	不活化法
細菌ワクチン	1. 腸チフス・パラチフス混合ワクチン	不活化ワクチン、液状	指定寒天培地	56℃1時間
	2. コレラワクチン	不活化ワクチン、液状	指定寒天培地	56℃30分
	3. 百日咳ワクチン	不活化ワクチン、液状	任意	任意
	4. ワイル病・秋疫混合ワクチン	不活化ワクチン、液状	コルトフ培地	加熱（60℃）その他の方法
	5. ペストワクチン	不活化ワクチン、液状	——	——
	6. BCGワクチン	生ワクチン、乾燥	ソードン培地	（行わず）
	7. ジフテリアトキソイド**	不活化ワクチン、液状	適宜	ホルマリン
	8. 破傷風トキソイド	不活化ワクチン、沈降	適宜	ホルマリン
	9. 百日咳・ジフテリア混合ワクチン	不活化ワクチン、液状	——	——
	10. 百日咳・ジフテリア・破傷風混合ワクチン	不活化ワクチン、液状	——	——
R.V.*	11. 発疹チフスワクチン	不活化ワクチン、液状	発育鶏卵卵黄	ホルマリン
ウイルスワクチン	12. 痘苗（天然痘ワクチン）	生ワクチン、液状または乾燥	牛の腹部皮膚	（行わず）
	13. インフルエンザワクチン	不活化ワクチン、液状	発育鶏卵尿膜	ホルマリン
	14. 日本脳炎ワクチン	不活化ワクチン、液状	マウス脳	ホルマリン
	15. 狂犬病ワクチン	不活化ワクチン、液状	ウサギ脳	ホルマリン（又は紫外線）
	16. ポリオ（小児マヒ）ワクチン	不活化または生ワクチン、液状	サル腎	ホルマリン（又は行わず）
	17. 麻疹ワクチン	不活化または生ワクチン、沈降または乾燥	サル腎	ホルマリン（又はその他の方法）

*R.V.……リケッチアワクチン、**トキソイド……毒素を無毒化したもの

（『精説応用微生物学』光生館より）

好アルカリ性微生物発見者の掘越弘毅博士らの研究が実って、発酵によって工業的に生産されている。それを生産する菌は、バチルス・マーセランスを代表とするサイクロデキストリン生産菌で、水素イオン濃度指数（pH）がアルカリ性の側で増殖するという好アルカリ性菌である。通常のほとんどの微生物が酸性環境下で増殖するのと比べると特殊な菌である。現在、好アルカリ性菌のうち数株がサイクロデキストリンをつくる酵素を菌体外に分泌することがわかり、すでにその酵素を使って発酵生産が行われ、広範囲で利用されている。

微生物はこのように、特殊な重合体（生体高分子化合物）をつくる力があるので、今後この分野での新たな超能力微生物が出現すれば、人工皮膚や人工臓器などの開発にもつながり、医療技術はさらに進展すると思われる。

なお、微生物によるワクチンの開発と実用化も進められてきて、この分野でも今後、有望菌の登場が期待されている。

4. 食糧生産の分野

微生物がタンパク源になる

今、私たちが直面しているのは、環境問題、人間の健康問題のほか、地球人口の増加にともなう食糧問題である。欧米や日本など、いわゆる先進諸国では人口増加率が減少し、むしろ高齢化が問題となっているが、開発途上国の人口増加は依然として爆発的で、現在の地球人口約73億人は、2050年には96億人に達すると国連が推計している。

とりわけ人口爆発地帯となっているアフリカや西南アジア（インド、パキスタン、バングラデシュなど）は次第に食糧不足に追い込まれていくと考えられ、FAO（国連食糧農業機関）は早急な対策が必要と警告している。

一方、日本の食料自給率（エネルギー換算）は政府発表で39％だが、実際は40％を大きく割り込んでいるのではないかとの見方もある。現在のように大半を輸入に頼っていたら、将来起こる地球規模の気候変動によって農産物の生産は激減し、日本は食糧を調達できなくなるかもしれない。このままいけば日本は国家の存亡の危機に直面する。高齢化した今日の日本農水産業の生産力の低下から考えても深刻である。

政府は45％にまで自給率を戻そうと、「新農業基本法」を緊急に制定したが、低下に歯止めはかかっていない。抜本的対策としては、新たに農業に従事する者への積極的支援や、既存農家同士の合併による生産力及び経営力強化のための指導と支援、都会企業から方向転換して地方農業に転業する希望者への支援と、それに伴う土地や税制の優遇などを積極的に進めることである。また新規農業従事者を対象に特別奨励金制度を設けるなども一案であろう。こうして1人でも多く農業従事者を確保し、自給率を高めることである。

また、漁業では、栽培漁業施設や稚魚育成施設の新設や拡張を進め、稚魚を近海に放流して水産資源を増やしていくことも急務であろう。そして、行き過ぎた底曳き網漁によって資源が涸渇した海域では、操業中止を含めて資源回復を計るべきである。

こうした基本的政策を進める一方で、発酵による食糧生産に目を向ける必要があろう。発酵で食糧をつくれるのか、と思う人もいるだろうが、すでにさまざまな技術が実用化しているのである。

たとえばタンパク質は、肉の主要構成成分であるが、それを微生物に発酵生産させる事業が行われている。微生物のタンパク質含有量は、乾物基準において細菌で60〜80%、酵母で50〜70%、糸状菌、藻類で50〜60%である。こうした微生物を大量培養し、その菌体のタンパク質を利用しようというわけである。

微生物を増殖する培養液は現在「廃糖蜜」（砂糖を製造するときに出る副産物で、糖分を40〜50%も含む）が主体で、その培養液を大型発酵槽に入れて熱殺菌し、そこに菌体タンパク質含有量が高く、その上培養液中の糖をよく資化することのできるトルロプシスやミコトルラなどを接種して、28℃前後で無菌空気を送りながら培養する。数日して大量の菌体が培養液に集積され、この菌体を遠心分離して取り出し、乾燥し製品とする。

この方法によって得られた微生物タンパクは、たとえばトルロプシスの場合、粗タンパク質を47〜53%も含み、他にチアミン、リボフラビン、ナイアシン、ビオチン、パントテン酸などのビタミン群も豊富なので、主として飼料の原料となる。また最近ではこの菌体より核酸を分離してヌクレオタイド系うま味調味料の原料にしている。

微生物のタンパク質は、今後ますます需要が高まることから、最近では天然ガス（主としてメタン）やメタノールなどを資化する超能力酵母でのSCP（single cell protein＝微生物タンパク）生産が盛んに研究され、一部実用化されている。

図 15　植物繊維をブドウ糖にする仕組み

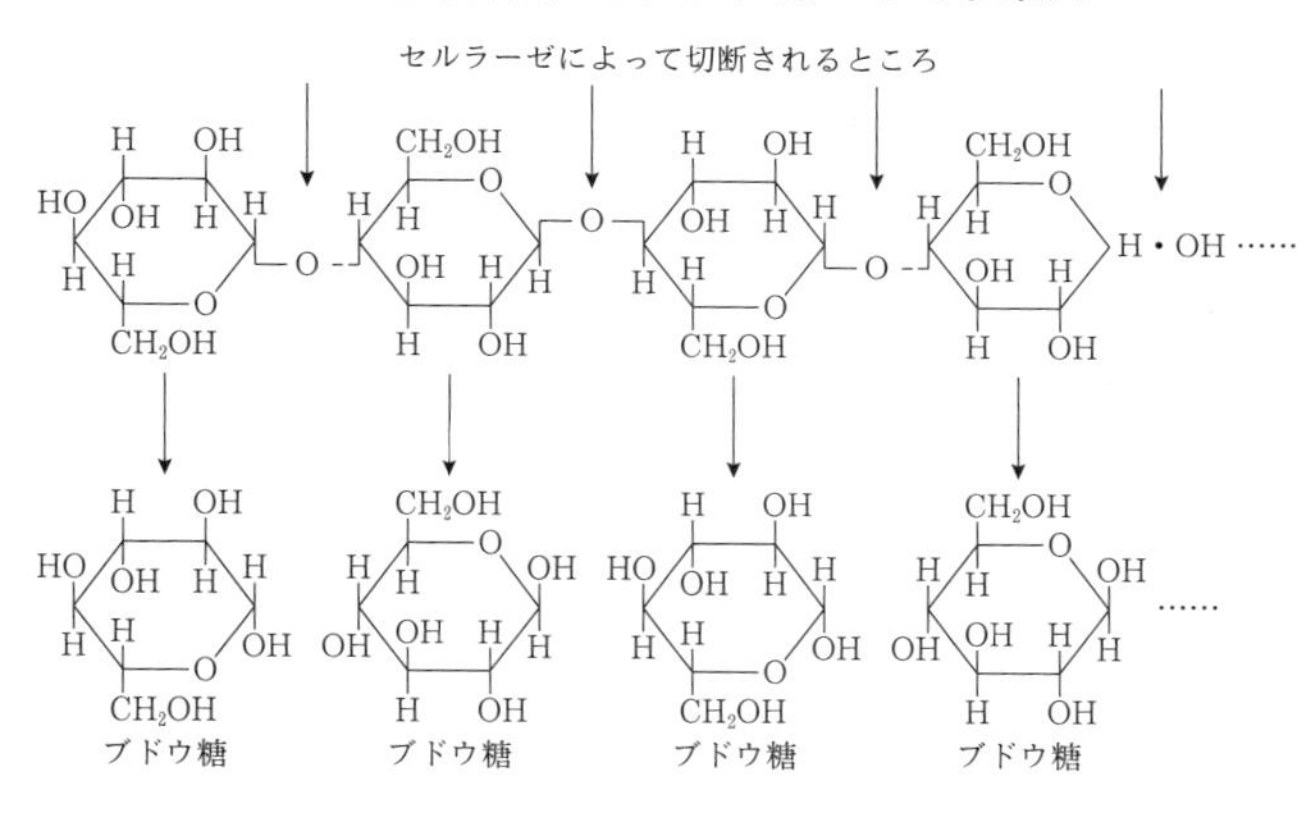

枯葉からブドウ糖

発酵による食糧生産の分野で、今後最も期待されている超能力微生物は、植物繊維を強力に分解できる菌の登場である。人類はこれまで地球に埋蔵されてきた天然資源として石油や石炭といった化石燃料を利用してきたが、実はいまひとつ地球に残されている膨大な資源を未だ使い切れていない。それは、毎年この地球上で大量に降り散る植物の枯葉で、自然界では年間数億トンも発生する。これを食糧源に転化しようというものである。

枯葉が着目されたのは、そのほとんどが繊維だからである。繊維はブドウ糖からできている。ブドウ糖は人間や動物にとって不可欠のエネルギー源だ。繊維がブドウ糖であるからこそ、草食動物は草や稲藁といったものだけを食べて生きられるのである。彼らは体内の消化器官から繊維素分解酵素（セルラーゼ）を分泌したり、また、分解酵素を生産する微生物を胃や腸管に飼っていたりして、その力によって、食べた繊維をブドウ糖に変えているのである。

ところが人間は、消化酵素の中にセルラーゼがないため、繊維を分解できない。そのため私たちがブドウ糖を得るためには、米や麦などの穀物を食べてデンプンを体に入れる必要がある。デンプンもブドウ糖でできているが、人間の唾液にはデンプンの分解酵素（アミラーゼ）が備わっているため、消化できるのである。

ブドウ糖は、人間が生きていくための最も基本的で不可欠の栄養素である。食事を口にすることができない入院中の病人でも、ブドウ糖（とアミノ酸とビタミン）を点滴し続ければ、何ヵ月も生きられる。言い換えれば、人類が飢えを解決するには、まず十分なブドウ糖を確保することが第一ということになる。

これまで私たち人類は、米や麦、トウモロコシといった穀物を栽培してきたが、要するに生命を維持するためのブドウ糖を入手するためなのである。しかし、穀物を栽培するには耕地を必要とし、肥料も手間もかけなくてはならないが、将来、地球人口の爆発的増加に対応するには、穀物だけでは足りなくなってくることは明らかなのである。

そこで、微生物によって枯葉を分解し、ブドウ糖をつくる方法が注目されたのである。枯葉の繊維を分解するセルラーゼをもつ微生物は、自然界には非常に多い。野山に毎年降り積もる落葉は、土壌微生物によって分解、資化され、土になっている。土壌微生物が枯葉の繊維を分解してブドウ糖にし、それを資化しているからである。この微生物の力をうまく利用すれば、枯葉が穀物の代わりになる可能性だってある。枯葉を超能力微生物で分解してブドウ糖を生産するプラントが実現すれば、人口爆発に伴う食糧問題も解決に向けて大きく前進するにちがいない。

もちろん、ブドウ糖を摂取するだけでは、楽しい食生活が送れないことは百も承知だ。しかし将来かならず襲ってくる飢えをしのぐには、まず最低限の栄養分の確保が必要で、今からその準備が必要だ、と言っているのである。これまでの研究では、バチルス属、クロストリジウム属、アスペルギルス属などに植物繊維を分解する菌が見出されてきたが、なかでもトリコデルマ・ビリドが大量のセルラーゼを分泌する超能力菌であることがわかってきた。今後、枯葉に直接作用してブドウ糖を生産したり、基質（枯葉、稲藁、おが屑など）の違いに左右されずセルラーゼを生産できる超能力菌を分離したいものである。

ともあれ今後、植物繊維を基質にして、これをバリバリと分解し、ブドウ糖を生成してくれる超能力菌の出現をめざして、微生物研究者は歩み続けて欲しいものである。

納豆、チーズはなぜ日持ちするか

また、微生物で発酵させることにより、食べものが長く保存できることは、長い間人間を助けてきた重要な生物現象である。

冷蔵庫や防腐剤などの無かった時代には、乾燥させたり、塩漬けにして保存してきたが、いずれも元に戻して食べるとなると固すぎたり、塩っぱすぎたりして風味は落ちやすい。ところが発酵すると、腐りにくいばかりか、うま味は俄然増し、そのうえ滋養成分も蓄積される。たとえば煮た大豆（原料）と納豆（発酵食品）、牛乳とチーズやヨーグルト、生鰹と鰹節などは、原料はすぐ腐るが、発酵すると保存でき、風味が宿る典型例である。

一方で、人間は科学の進歩によって防腐剤や人工保存料といった化合物を発明し、それを添加することで腐敗を防ぐようになった。しかし、それを毎日のように体に入れて大丈夫なのか、といった安全性を疑う人たちも出てきている。

ならば、微生物がつくる安全な防腐剤はないのだろうか。たとえば、微生物はタンパク質を摂取し、それを分解してアミノ酸にする過程で、ペプチドという数個のアミノ酸の結合体をつくる。ペプチドは、アミノ酸の組み合わせや重合度の差によってさまざまな性質を有する。たとえば味に幅を与えたり（コク味）、免疫力を高めたり、高血圧を予防したり、骨粗しょう症を予防したり、抗酸化性を示したりもする。そして食品添加物に欠かせない抗菌性、抗ウイルス性、抗アレルギー性を持つものもあるのである。

しかもペプチドは、人間の体内に入ると人間の唾液や胃液に存在しているペプチダーゼ（ペプチドを加水分解してアミノ酸にしてしまう酵素）によってたちまち分解されてしまうから安全だ。将来的には、広く自然界からペプチド主体の防菌剤生成能を持つ超能力微生物を検索、分離し、ペプチドをつくらせて食品に添加するという方法も考えられよう。

「10年前の熟鮓」の抗酸化物質

ここに2枚の写真がある。私がNHK・BSのテレビ番組『素晴らしき地球の旅―発酵食品のルーツを求めて・中国雲南食紀行―』（1997年2月23日オンエア）のレポーターとして中国雲南省壮族自治州に行ったときのものである。

「鯉（こい）の熟鮓（なれずし）」は、なんと40年前につくったものが保存されて今も食べられているという。また少女が持っているのは、10年前に漬け込まれた豚肉の熟鮓である。熟鮓とは魚や肉を米飯と共に発酵させたものだが、こんなに長い間、しっかりと熟成、保存されてきたのである。

日本にも、和歌山県新宮市には「秋刀魚（さんま）の熟鮓の30年もの」を賞味できる料亭（東宝茶屋）がある。こうした食品を参考にすれば、微生物による安全な防菌剤の開発もけっして不可能ではないはずだ。

私は壮族自治州の女の子が持っている豚肉の熟鮓の小片（約30グラム）を試料に持ち帰り、私と大学院生とで抗酸化力を測定したところ、驚くべきことがわかった。なんと10年間も熟成しておいたのに、脂（あぶら）の酸化がほとんど進んでおらず、新鮮な脂肪のままであったのだ。過酸化物価（ＰＯＶ）を測定したところ、微少値しか検出されなかった。

つまり、この熟鮓に生息している発酵微生物の中に、抗酸化性物質を生成する菌がいることになり、実に興味深い。すなわち、このような微生物に抗酸化性物質を生成させ、それを食品などに添加すれば、今日使用されている酸化防止剤（亜硫酸塩類や次亜硫酸塩など）ではなく、微生物起源の抗酸化性物質を利用できることになる。現在このような例はほとんどなく、画期的なことになるだろう。

図 16　中国雲南省で発見した驚異の発酵食品

極め付き、40 年ものの鯉の熟鮓

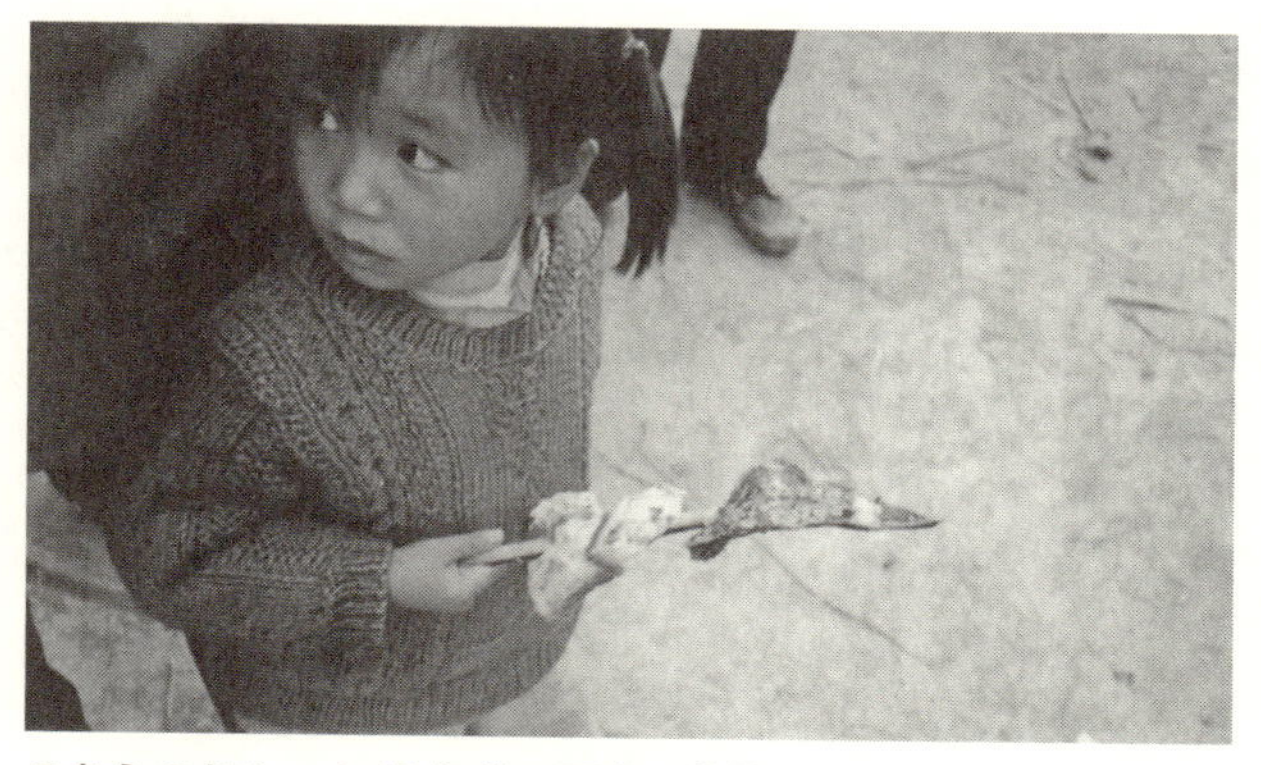

こちらのおやつも 10 年前の豚肉の熟鮓

5. 発酵による新規エネルギー生産の分野

２０１１年3月11日の東日本大震災による影響で、東京電力福島第一原子力発電所では炉心溶融（メルトダウン）とそれに伴う水素爆発が起こり、恐ろしい放射性物質が広範囲に飛散した。放射能は住宅地、学校、山林、田畑、川や海などあらゆるところを汚染し、その被害たるや甚大で、人々を戦慄させた。

私の生まれた実家はそこから50キロメートルもない。小さいときから走り回った野や山、そして魚釣りをした小川や池など、何もかもが汚染されて呆然としたものであった。今も福島県の浜通りや一部の中通りの人たちは、その後遺症や風評被害に遭って苦しんでいる。

私は今だから言うが、あの事故の9年前に『ＦＴ革命』という本を上梓し、そこにこう書いている。

「原子力発電所は効率は実にいいものですが、安全性に問題があるともされ、また先般起こったアメリカの同時多発テロでの攻撃目標ともなった恐怖も記憶に新しいものであります。太陽光発電や風力発電、地熱発電なども一部で実用化されてはいますが、安全性はあるものの電力供給量の点で力不足なのです。したがって、効率がよく安定してエネルギーが得られ、しかも安全性の高いエネルギー源の確保は、これからの課題なのであります。

このままでいきますと、近い将来エネルギーは逼迫し、現在のように安定した供給ができなくなるおそれがあります。

しかし、このエネルギー問題も、FT革命によって解決することも可能なのです。『微生物なんていう目にもみえない小さいものが、エネルギーをつくれるのか』と不思議がる人もいるかと存じますが、微生物の力を見損なってはいけません。目にみえないほど小さくとも、おびただしいほどの量の微生物が共同で活動することにより、驚くほど巨大なエネルギーを生みだすことができるのです」

原発事故以来、日本では急激に自然エネルギーへの関心が高まり、水力発電や太陽光発電、風力発電、地熱発電、波力発電などが見直され、そして設備化されてきた。これによってかなりの電力は確保できたが、さらに発酵によるエネルギーが加われば、より無公害で安全なエネルギー源を確保できることになる。

発酵によるエネルギーはすでに多く実用化されている。比較的早くから行われてきたのがメタン発酵によるメタン燃料の生産だ。これは嫌気性細菌であるメタン生成菌を有機物を含んだ工場廃水や家畜などの糞尿で発酵させ、得られたメタンガス（バイオガス）を燃料とするものである。

その原理は、まずバチルス、スタフィロコッカスなどの生成する加水分解酵素によって有機物が低分子化され、次にこれらが通性嫌気性菌（ラクトバチルスなど）及び偏性嫌気性菌（酪酸菌やプロピオン酸菌など）によって、酪酸、プロピオン酸、酢酸、蟻酸、水素ガスに分解される。さらに、蓄積された酪酸、プロピオン酸は偏性嫌気性菌などによってさらに酢酸と水素ガスに分解される。こうして生成した酢酸、水素ガス、二酸化炭素及び蟻酸はメタン菌などの偏性嫌気性菌によってメタンと二酸化炭素まで分解されて、メタン発酵は完了するのである。

メタン菌は、35億年前頃に地球に初めて誕生した最初の生命体とみられる古細菌である。したがって嫌気性で活発に働き、可燃性ガスをつくる超能力微生物なのである。

現在、メタン発酵によって得られたメタンガスを燃料にして蒸気をつくり、その蒸気でタービンを回して発電する「メタン発酵発電システム」もあちこちで稼働している。東日本大震災の後、原発からの電力がストップした京浜工業地帯にある大手の食品会社では、メタン発酵で廃水を処理し、生じたメタンガスで発電して、かなりの電力をまかなっているということである。

最近では、バイオマス発電の導入や検討が全国的に開始されている。「バイオマス」とは、動植物などの生物から作り出される有機性エネルギー資源のことで、それを一度ガス化して燃焼したりして発電するのを一般的に「バイオマス発電」という。この「バイオマス発電」には、木材や木質ペレット、木質チップなどを燃やして出る熱で水蒸気をつくり、タービンを回して電気を得る「直接燃焼方式」と、それらを燃焼させて出たガスでガスタービンを回す「熱分解ガス化方式」、そしてメタン発酵のように、家畜糞尿や生ゴミを発酵させてバイオガスをつくり、それを燃焼させてつくった水蒸気でタービンを回して発電する「生物化学的ガス化方式」の3つの方式がある。

２０１３年度に、バイオマス燃料によって発電された電力量は約19億ｋＷｈ、一般家庭52万３０００世帯の1年間分もの電力使用量分を発電したという。しかし、この発電量はまだまだ少ないものであり、さらなるバイオマス発電が期待される。

もし、有機物を一度加水分解したり、酸発酵などをしなくとも、いきなりメタンを発酵できる超能力を持った微生物が発見されれば画期的なこととなろう。

またとてもユニークな研究も始まっている。それは石油のような炭化水素を発酵生産しようというもので、それに相応しい超能力を秘めた単細胞の藻類が見つかったのである。ボツリオコッカス・ブラウニーと呼ばれる菌は、炭化水素を生産し、細胞内に分泌することが発見された。以来、盛んに研究が行われ、分泌物中に最高86％の濃度まで炭化水素を出すことができるという。

今後、さらに生産力の強い微生物の検出が待たれるところである。それが見つかれば、将来、微生物は自動車を地上に走らせ、飛行機を空に飛ばせることになる。

最近、注目を浴びているのが微生物による水素の生産である。水素ガスは単位重量当たり極めて強い燃焼エネルギー（2万9000kcal／kg）を持ち、燃焼に当たっては二酸化炭素や窒素酸化物、硫黄酸化物などを排出しないクリーンエネルギーである上に、燃料電池の動力源にもなり、直接かつ高効率で電気エネルギーへ変換が可能である。

水素生産菌は、有機性廃棄物や未利用バイオマスを分解、資化して水素を発生させるもので、その超能力菌はクロストリジウム属とエンテロバクター属に含まれる菌だという。

さらに鹿児島県小宝島の温泉で見つかった超好熱始原菌サーモコッカス・コダカラエンシスという超能力菌を85℃で培養したところ、水素：炭素ガスが2：1の割合で発生し、得られたバイオガスを燃料電池に導入して発電できたという画期的な発表も出てきた。

ともあれ、まだ自然界には超能力を秘めた驚くべき有用菌がたくさん生息しているのである。私が15年前に提唱したＦＴ革命の一環である微生物による新規無公害エネルギーの生産も、いよいよ現実味を帯びてきたような気がする。

おわりに　野生にはまだまだ宝が眠っている

微生物はマジシャンである。過酷な環境の中でも、しっかりと子孫を維持してきたのであるから天晴れである。そしてその超能力の凄まじさからみたら、同じ地球上で威張っている人間なんぞは足元にも及ばない。

そんな無敵の微生物を、今、わが人類は科学の力で造り出してみようと、遺伝子工学やら分子生物学やらでバイオテクノロジーを進めているが、そんなことが本当にできるのだろうかと、少々心配もしたくなる。この地球上には、まだまだ夥しい数の微生物がいるのであるから、未だ知られていない能力を宿した菌の存在と可能性は無限に近いものと私は思っている。そのことを証明して見せようと、本書ではこれまで多くの学者がほとんど研究や応用の対象としていなかった自然界に生息している野生酵母にスポットをあてて分離し、そのさまざまな性質を検討した。すると、この野生酵母群はこれまでほとんど知られていなかった驚くべき能力を宿している微細生命体であることを証明し、その応用と実用化まで展開してみせた。

このことは、これから応用微生物学や発酵化学、醸造学などを修めようとする、または今取り組んでいる若い大学生や研究者に向けて、大切な情報を提供できたと自負している。ニューバイオテクノロジーばかりが最先端の新しい技術ではない。古きオールドバイオテクノロジーもまた、早く目的に近づくための効率的手法であることを認識して欲しいものである。

我々は近年、多くの場合で現場主義から離れてしまっているような気がしてならない。研究室だけで実験や研究をしているばかりでなく、現場に足を運んで、地道にそこの環境や自然を観察し、無理なく目的の微生物を分離するならば、必ずや期待に応えてくれる菌が採取できるであろうと私は確信している。

さて、この地球上の人間界では、これほど科学が発達したというのに未解決の問題がまだ多く残されているのも事実である。例えば癌やエイズ、さらには鳥インフルエンザなどさまざまな難病や病禍への特効薬は未だ無く、汚染された地球環境を改善してくれる超能力菌は見つからず、避けることのできない将来の人類の食糧不足の問題を解決してくれる正義の味方菌が現われてもいない。また、人と地球にやさしい無公害エネルギーの生産菌にしても、まだこれからの研究次第といった状況である。

しかし、本書で述べた通り、まだまだ地球上には驚くべき超能力を宿した微生物は多くいるのであるから、これからは大いなる可能性を抱いて、以上のような未解決の問題を解決できる超能力微生物を探してもらいたいものである。

とにかく、このようなすばらしい能力を宿す微生物を探し出し、それを応用しながら、彼らと共に共存していく社会こそ、新しい科学の一ページを開くことにつながるのではあるまいか。

最後に、発酵文化は目に見えぬ無数億の夥しい微生物の犠牲によって維持されているが、多くの人間はこれだけすばらしい恩恵を受けているのに、有用微生物に対して意外に無関心である。人は決して人のみでは成り立たず、自然の偉大さのなかに包み込まれて成るものである。その自然の偉大さをつくりあげる原点が、微生物の生命現象によるものであることを、あらためて認識してほしいとの願いとともに本書を了める。

小泉武夫（こいずみ　たけお）

東京農業大学名誉教授（農学博士）。1943年福島県小野町の酒造家に生まれる。東京農業大学農学部醸造学科卒業。専門は醸造学、発酵学。ありとあらゆる微生物および発酵食品を研究対象とし、世界中の発酵食物を味わいつくしてきた。現在、広島大学、鹿児島大学、琉球大学、石川県立大学、福島大学等の客員教授を務める。NPO法人発酵文化推進機構理事長。著書は『発酵食品礼讃』（文春新書）、『くさいはうまい』（文春文庫）、『酒の話』（講談社現代新書）、『発酵は錬金術である』（新潮選書）、『奇食珍食』（中公文庫）ほか、単著だけで140冊以上にものぼる。

文春新書

1125

超能力微生物（ちょうのうりょくびせいぶつ）

2017年 4月20日　第1刷発行
2023年11月25日　第2刷発行

著　者　小泉武夫
発行者　大松芳男
発行所　株式会社 文藝春秋

〒102-8008　東京都千代田区紀尾井町3-23
電話（03）3265-1211（代表）

印刷所　理想社
付物印刷　大日本印刷
製本所　大口製本

定価はカバーに表示してあります。
万一、落丁・乱丁の場合は小社製作部宛お送り下さい。
送料小社負担でお取替え致します。

ISBN978-4-16-661125-6